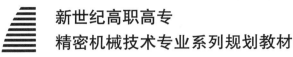

新世纪高职高专
精密机械技术专业系列规划教材

手表造型设计

SHOUBIAO ZAOXING SHEJI

主　编　冯志清　赵跃武　张文健
副主编　徐宝森　刘振宇
　　　　砂　砾　孙丽丽
主　审　李亚东

 大连理工大学出版社

图书在版编目(CIP)数据

手表造型设计 / 冯志清，赵跃武，张文健主编. ——
大连 ：大连理工大学出版社，2015.8
新世纪高职高专精密机械技术专业系列规划教材
ISBN 978-7-5685-0074-6

Ⅰ. ①手… Ⅱ. ①冯… ②赵… ③张… Ⅲ. ①手表—
造型设计—高等职业教育—教材 Ⅳ. ①TH714.52

中国版本图书馆 CIP 数据核字(2015)第 196930 号

大连理工大学出版社出版
地址:大连市软件园路 80 号　邮政编码:116023
发行:0411-84708842　邮购:0411-84708943　传真:0411-84701466
E-mail:dutp@dutp.cn　URL:http://www.dutp.cn
大连理工印刷有限公司印刷　　大连理工大学出版社发行

幅面尺寸:185mm×260mm　　印张:8　　字数:173 千字
2015 年 8 月第 1 版　　　　2015 年 8 月第 1 次印刷

责任编辑:唐　爽　　　　　　　　责任校对:张恩成
　　　　封面设计:张　莹

ISBN 978-7-5685-0074-6　　　　定　价:23.00 元

前　言

伴随着科技的发展和我国改革开放的不断深入,我国经济建设的水平也日渐提高,职业教育也随之发展成为一种具有影响力的新的教学模式。本教材即为培养高职高专的技能型人才而编写。

本教材以机械手表为主线,以手表零件的三维造型、机械手表传动路线仿真为任务引导创建学习环境,将软件的基本操作功能与工作任务的完成相结合,具有逐级提升和包容的知识与绘图技能组织结构,强调了完成工作任务过程的程序化,强化了 Creo 软件在机械手表设计中的应用,突出了职业能力的培养。

本教材结合我国当前职业教育改革的实际情况,在广泛汇集职业教育院校的意见和建议的基础上,具体在编写过程中突出以下特点:

1. 在教学方式上更贴近当前职业教育改革的实际情况,更贴近教育教学的培养目标,更注重技术应用能力的培养,突出实用技术应用的训练,同时,力求反映计算机辅助设计技术发展的最新动态。

2. 在编写上,采用最新的项目式教学方法,方便老师的教学。采用工学结合的思想进行编写,安排"教、学、做"一体化训练,使学生能更好地掌握所学的知识。

3. 本教材在广泛借鉴国内外教材的编写方法和编写思路的基础上,充分考虑国内学生的阅读习惯和思维方式,突出案例的讲解,力求通过案例提高学生运用所学知识解决实际问题的能力。

新世纪

本书由天津现代职业技术学院冯志清、赵跃武、张文健任主编,天津现代职业技术学院徐宝森、刘振宇、砂砾、孙丽丽任副主编。全书由冯志清统稿。天津现代职业技术学院李亚东审阅了全书并提出了许多宝贵意见,在此表示感谢!

尽管我们在教材特色的建设方面做出了许多努力,但是教材中仍可能存在不足之处,恳请大家将意见与建议反馈给我们,以便修订时完善。

编 者

2015 年 8 月

所有意见和建议请发往:dutpgz@163.com

欢迎访问教材服务网站:http://www.dutpbook.com

联系电话:0411-84707424　84706676

目　录

项目 1　机械手表的原理及结构

任务 1　手表概述

手表按动力源可分为机械手表和电子手表两大类。

1.机械手表

机械手表指以机芯内的一个卷曲的弹簧片发条为动力,发条中储存的能量推动带动齿轮传动,进而推动表针进行走时的手表。一块常见的机械手表的机芯有 90～100 个部件,某些拥有更多功能的机芯甚至有 1 400 个部件。

机械手表又可分为手动机械手表和自动机械手表两种。

(1)手动机械手表

手动上链机芯,转动表冠,机芯内弹簧将能量发放而推动手表运行。机芯的厚度较一般自动上发条的表薄一些,相对来说手表的重量就轻。

(2)自动机械手表

自动上链机芯的动力是依靠机芯内的飞陀重量带动产生,当佩戴手表的手臂摇摆就会带动飞陀转动,同时带动表内发条为手表上链。相对来说,自动机械手表的厚度要比手动机械手表大一些。

机械手表的特点是:

(1)机械手表走时与电子手表不同,机械手表秒针是连续不间断地走。

(2)因机械手表机芯复杂,走时误差较大(视各品牌而定)。天文台机芯误差较小,一日的误差在－4～6 s 以内正常。机械手表走时误差不能累计,手表过一段时间需调试。

(3)机械手表工艺精细,使用方便,上足发条可走 36 h 以上。

（4）机械手表机芯使用年限长久。

（5）机械手表外观要比电子手表厚重一些（视各品牌而定），有一些品牌也很薄，但一般都是手动机械手表。

2.电子手表

电子手表以电池为能源代替发条，不用手动上弦。电子手表可分为数字式石英电子手表、指针式石英电子手表及自动石英手表和光动能手表。

（1）数字式石英电子手表

数字式石英电子手表是石英晶体的压电效应和二极管式液晶显示相结合的手表，其功能完全由电子元件完成。

（2）指针式石英电子手表

指针式石英电子手表的能源来自氧化银扣式电池，氧化银扣式电池向集成电路提供特定电压之后，通过其中的振荡电路和石英谐振器使石英振子起振，形成振荡电路源。从振荡电路中输出的频率为 32 768 Hz 的电信号进入分频电路后，经过 16 级分频产生出 0.5 Hz 的脉冲信号，再经过窄脉冲电路输出脉冲信号进入驱动电路中去放大，并且形成交替变化的双向脉冲信号，从而驱动步进电动机做间歇性转动，进一步带动传动轮系，使表针准确地显示时间。

指针式石英电子手表的特点是：

①指针式石英电子手表的走时秒针是一格一跳，走时十分准确，一般要求月差在 15 s 以内，有三针和两针两种。

②指针式石英电子手表机芯中采用集成电路，结构较机械表机芯简单许多，装配非常简便。

③指针式石英电子手表使用方便，佩戴无须上发条，一块电池一般可用 2～3 年。但有些手表用锂电池，使用寿命长，可用 7～8 年。

④指针式石英电子手表价格比机械手表便宜（同品牌同款式），但有些高档品牌手表价格昂贵，是因其外观材料好（18K 金、钻石或贵金属），外观设计出色等。

（3）自动石英手表

自动石英手表集自动机械手表与数字式和指针式石英电子手表优点于一身。它无须电池，佩戴者可选择手动上链，也可选择自动充电。它的电子石英装置使其走时更准确，每月误差程度更达到少于 10 s。

它的工作原理是利用手臂的摆动带动表内的飞陀转动而产生能量推动内部的微型马达转化为能源，从而为表内的石英装置提供充足电量，而多余的电能会被微型电容储存起来备用。当手表充满电时可连续运作多日，且无须把手表佩戴在手腕上。瑞士天梭表和日本精工表都是较出名的自动石英手表。

（4）光动能手表

光动能手表首先通过太阳能晶片将光能转换成电能，并将电能储存在可循环使用的钛锂离子充电电池中,再由电池发出的电能通过集成电路产生脉冲信号到线圈,并产生磁力驱动步进马达,将电能转换成动能,推动齿轮转动并带动指针来指示时间。这种手表充满电后在黑暗中可运行 40～180 日,走时精确,充电电池寿命达 10 年。

任务2　机械手表整机工作原理

机械手表有多种结构形式,但其工作原理基本相同,均由六大部分组成,即摆轮游丝系统(振动系统)、擒纵机构、传动轮系、指针机构、原动机构和上条拨针机构,如图 1-1 所示。

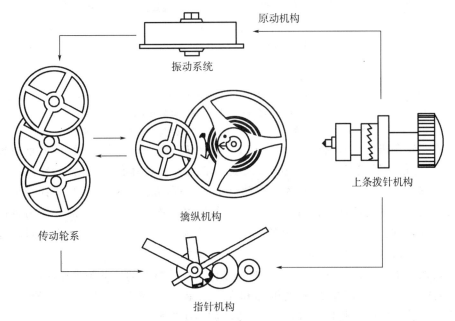

图 1-1　机械手表工作原理

上条拨针机构把原动机构的发条卷紧,原动机构将发条的弹性势能转变为机械能,带动传动轮系,传动轮系将发条的能量通过擒纵机构输送到振动系统,使其维持一个稳定振动。振动系统又将振动计时信号经过擒纵机构、传动轮系并按一定的传动比传给指针机构指示时间。

机械手表由不同的齿轮部件组成传动轮系,条盒轮又称为头轮,与条盒轮啮合的齿轴称为二齿轴,明装在二齿轴上的轮片称为二轮片。其他按传动顺序依次称为三齿轴、三轮片,四齿轴、四轮片等。

不同的机芯,齿轮平面位置有不同的安排。根据二轮部件平面位置的安排,机械手表的基本传动形式可以分为中心二轮式(二轮部件在机芯中心)和偏二轮式(二轮部件不在机芯中心)两大类。中心二轮式根据秒轮部件或秒齿轴的传动特点,又可分成直接传动式、秒簧式、无中心秒针式及双三轮式。偏二轮式根据指针运动传递的方式又可分为头轮传出式、二轮传出式和三轮传出式。我国手表厂生产的机芯大多属于中心二轮式中的直接传动式和偏二轮式的三轮传出式。SZ1型机芯为我国机械手表的统一机芯,它是中心二轮式中的直接传动式的一种典型结构,其机芯传动如图1-2所示。

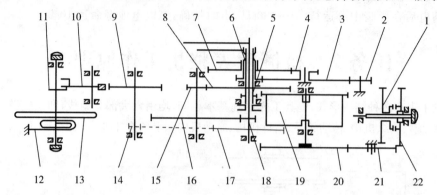

图 1-2 SZ1 型机芯传动

1—离合轮;2—拨针轮;3—跨轮片;4—跨齿轴;5—中心齿轴;6—分轮;7—时轮;8—中心轮片;9—擒纵轮片;
10—擒纵叉部件;11—双圆盘部件;12—游丝;13—摆轮;14—擒纵齿轴;15—过齿轴;16—过轮片;
17—秒轮片;18—秒齿轴;19—条盒轮;20—大钢轮;21—小钢轮;22—立轮

由于二轮在机芯中心,秒轮也在机芯中心,所以二齿轴通常是管状,以便秒齿轴通过,它比其他传动形式多一块中夹板,以支持中心轮。分轮套在中心轮(二轮)管上,两者之间为摩擦配合。因而分轮成为主传动链中的一环,在拨针后不会给分针带来任何启动滞后现象。秒轮部件的秒齿轴在中心轮管内,中心轮管内孔的一部分作为秒齿轴的径向支承,因此主夹板、中夹板上的中心齿轴孔和上夹板上的秒齿轴孔的同轴度误差,以及中心齿轴内孔的质量都对秒齿轴的运动有影响。

与其他传动形式比较,中心二轮式的直接传动式的机芯的传动关系比较简单,工作可靠,零件加工工艺性较好,整机的拆卸和安装简单,但机芯比较厚。SM2LSS型机芯均属于偏二轮式中的三轮传出式,其机芯传动如图1-3所示。

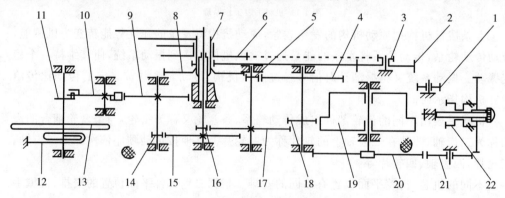

图 1-3 SM2LSS 型机芯传动

1—拨针轮;2—跨轮片;3—跨齿轴;4—二轮片;5—三齿轴;6—时轮;7—分轮;8—分轮片;9—擒纵轮片;
10—擒纵叉部件;11—双圆盘部件;12—游丝;13—摆轮;14—擒纵齿轴;15—秒轮片;16—秒齿轴;
17—三轮片;18—二齿轮;19—条盒轮;20—大钢轮;21—小钢轮;22—离合轮;23—立轮

偏二轮式的二轮从机芯中心移开,使条盒轮直径可增大,从而可增大能量的储备。另外在主夹板的中心压入一个空心的中心节管,作为秒齿轴的径向支承和分轮部件的转轴,对中心节管的轴向压合深度与垂直度的要求比较严格。与此同时,取消了中夹板,走针运动由三齿轴传给分轮片,因为分轮片不是主传动链的一环,所以沿正向拨针后,会出现分针启动滞后现象,此滞后现象产生于三齿轴与分轮片的啮合齿侧间隙。

任务3　机械手表的结构

1.原动机构

(1)原动机构的结构

原动机构是储存和传递工作能量的机构,将外界对发条所做的功转化为弹性势能储存起来,在手表机构工作时再转变为机械能释放出来,维持手表正常运行。通常由条盒轮、条盒盖、条轴、发条和发条外钩等组成。原动机构结构如图 1-4 所示。

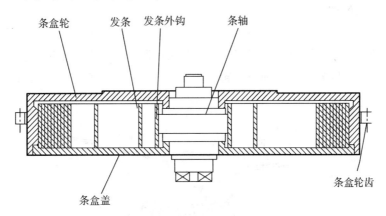

图 1-4　原动机构结构

①发条部件:发条与发条外钩组成发条部件。发条是用高弹性、高韧性的特种合金带料绕制而成。国产发条使用的材料牌号为 2Cr19Ni9Mo。发条按照自由状态时的外形,可分为螺线形发条和 S 形发条两种。但螺线形发条在手表中早已不使用。目前,手表都采用 S 形发条,因为它能储存更多的位能,工作时输出力矩大,而且力矩也比较平稳。

发条的内端有一个长孔,条轴钩在长孔里,以此卷紧发条。发条外钩也是由带料制成,其材料与发条一样,厚度比发条稍大一些,通常用点焊的方法焊在发条的外端上,钩在条盒轮的内壁上。

②条轴:条轴可以在条盒轮中转动。条轴的最上端是方形轴榫,和大钢轮的中心方孔相配合,大钢轮螺钉拧入条轴的中心螺纹孔中,将大钢轮和条轮固定在一起.这样,通

过上条拨针机构的上条传动使大钢轮转动,条轴随之转动,从而发条被卷紧。

③条盒轮:条盒轮为一圆状盒体,它的外缘周围有齿轮,内壁上有一Ⅴ形槽,发条外钩的刃部钩在其上。

当发条迫使条盒转动时,条盒轮的齿轮就驱使和它相啮合的齿轴转动,从而带动传动轮系和擒纵调速系统,使整个手表机构工作。这样,条盒轮既是能源装置的组成部分,又是手表传动轮系中的第一个齿轮。

④条盒盖:条盒盖盖在条盒轮上,并与条盒轮紧配,把发条部件和条轴封装到条盒轮内,起防止灰尘和疏散润滑油的作用。

(2)原动机构的工作原理

发条在自由状态时是一个螺旋形或S形的弹簧,它的内端有一个小孔,套在条轴的钩上。它的外端通过发条外钩,钩在条盒轮的内壁上。上条时,通过上条拨针机构使条轴旋转将发条卷紧在条轴上。发条的弹性作用使条盒轮转动,从而驱动传动轮系。由于它本身的弹力将使条轴按与上条相反的方向转动。但由于棘爪的止逆作用,条轴不能实现反向旋转,从而发条通过它的外钩迫使条盒轮转动,带动了传动轮系、擒纵调速系统和指针机构的运转。

2.传动轮系

传动轮系是将原动机构的能量传至擒纵调速系统的一组传动齿轮,是由二轮(中心轮)、三轮(过轮)、四轮(秒轮)和擒纵轮齿轴组成,其中轮片是主动齿轮,齿轴是从动齿轮。如图1-5所示。

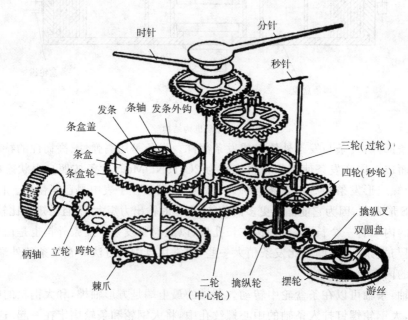

图1-5　传动轮系统结构

如图 1-6 所示是 SZ1 型机械手表卸去擒纵调速系统后的齿轮传动。

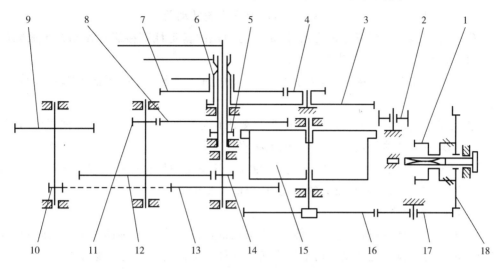

图 1-6　SZ1 型机械手表卸去擒纵调速系统后的齿轮传动

1—离合轮;2—拨针轮;3—跨轮片;4—跨齿轴;5—中心齿轴;6—分轮;7—时轮;8—中心轮片;9—擒纵轮片;

10—擒纵轮片;10—擒纵齿轴;11—过齿轴;12—过轮片;13—秒轮片;14—秒齿轴;

15—条盒轮;16—大钢轮;17—小钢轮;18—立轮

(1)手表齿轮传动的四条传动线

①主传动线:条盒轮→中心齿轴→中心轮片→过齿轴→过轮片→秒齿轴→秒轮片→擒纵齿轴。

②指针传动线:分轮→跨轮片→跨齿轴→时轮。

③上条传动线:离合轮(斜齿)→立轮→小钢轮→大钢轮。

④拨针传动线:离合轮(直齿)→拨针轮→跨轮片。

主传动线负责能量的传递和计时信号的传输,这部分传动的质量,直接影响手表的走时精度,它是手表机构的主要传动线。上述齿轮传动,除主传动线外,均称为辅助传动线。

(2)主传动的特点

①手表机构的主传动是增速传动,且总是轮片为主动轮,齿轴或销轮为从动轮。

②每对齿轮的传动比较大,一般为 6～12,有时高达 16。齿轮副传动比较大时,总传动比也较大。

③齿轴或销轮的齿数较少,否则,将使轮片齿数过多,使主传动机构增大,同时,齿数多也增加制造工时。

④齿轮模数较小,一般机械手表为 0.1 mm 左右。

⑤主传动的运动是连续工作,间歇动作。一般手表总是连续 24 h 工作的,但是主传动的运动都是间歇的。这主要是由擒纵机构的间歇动作所决定的。

（3）对主传动的要求

①手表机构传递的力矩并不大，所以，要求齿轮转动要灵活。

②齿轮传递的力矩应尽量稳定，这是因为力矩的稳定性直接影响振动系统振幅的稳定性，并因而影响手表的走时精度。

③能量传递效率应尽量高，由于手表储存的能量是有限的，所以希望有较高的传递效率。

④由于手表是日日夜夜连续工作，所以要求齿轮耐磨性能好。而且磨损要均匀，若是齿面上某一段磨损严重，则整个齿轮也必将报废。

⑤因为齿轮模数较小，制造误差相对较大。这就希望齿轮传动对制造误差不敏感，也就是说，在制造误差相对较大的情况下，仍能工作正常。

（4）钟表齿形概述

手表齿轮传动，特别是它的主传动，所采用的齿形大多是一种圆弧齿形，称为钟表齿形。由于这种齿形是从摆线齿形演变而来，所以，又称其为修正摆线齿形。

摆线齿形是由外摆线和内摆线组成，其中，齿顶部分为外摆线，齿根部分为内摆线。外摆线是一滚圆沿另一圆的圆周外面做无滑动的滚动时，其圆周上一点的运动轨迹。内摆线是一滚圆沿另一圆的圆周里面做无滑动地滚动时，其圆周上一点的运动轨迹。

滚圆称为摆线的生成圆，而另一圆称为摆线的母圆或基圆。内、外摆线生成的方法如图 1-7 所示。生成圆 S 在母圆的外面纯滚动时，生成圆 S 上的一点 P 的轨迹弧线 PP_n 即外摆线。当生成圆 S 在母圆 M_b 的里面做纯滚动时，生成圆 S 上点 P 的轨迹弧线 P_nP。即内摆线。当内摆线生成圆的直径等于母圆半径时，内摆线便是一径向直线。例如，图 1-7 中生成圆 S 的直径等于母圆 M_b 的半径，点 P 的轨迹便是一直线 P_nP_o。

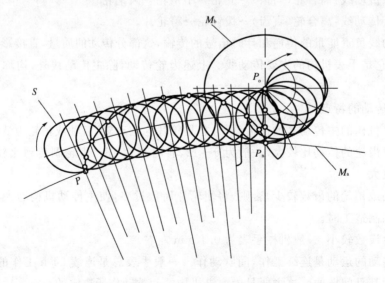

图 1-7　内、外摆线生成的方法

如图 1-8 所示为一对互相啮合的摆线齿轮,母圆 M_a 和 M_b 分别为它们的分度圆,S_1 和 S_2 为生成圆,外摆线 Px_1 为齿轮 1 的齿顶曲线,内摆线 Py_1 为齿轮 1 的齿根曲线。外摆线 Px_2 为齿轮 2 的齿顶曲线,内摆线 Py_2 为齿轮 2 的齿根曲线。

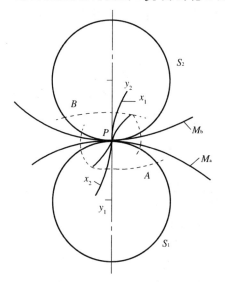

图 1-8 摆线齿形啮合

若齿轮 2 的齿顶圆与生成圆 S_1 相交于 A 点,齿轮 1 的齿顶圆与生成圆 S_2 相交于 B 点,则由圆弧 AP 和 PB 组成的曲线即该摆线齿轮啮合的啮合线。

为了改进啮合质量、方便生产,对摆线齿形进修正,形成了钟表齿形,以便更好地适应手表机构的工作和生产上的要求。如图 1-9 所示为钟表齿形,整个钟表齿形由齿顶圆弧 $\overset{\frown}{ab}$、齿根直线(径向线)$\overset{\frown}{bc}$ 和齿底圆弧 $\overset{\frown}{cd}$ 组成。

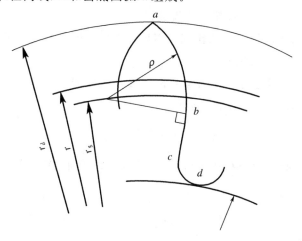

图 1-9 钟表齿形

为了使齿顶圆弧和齿根直线平滑衔接,一般不把衔接点取在分度圆上,而是取在 b 点处,如图 1-9 所示。图中 r_d 是齿顶圆半径;r 是分度圆半径;ρ 是齿顶圆弧半径;a 是齿顶圆弧中心圆半径,简称中心圆半径;b 点是切点;r_g 是齿根圆半径。齿根直线和齿底圆弧是平滑衔接。

(5)手表齿轮相关参数与计算

如图 1-10 所示为手表齿轮的一部分。手表齿轮的各部分名称和符号及其他一些相关参数如下:

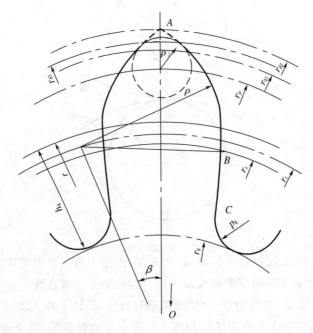

图 1-10   手表齿轮

①齿数 z:齿数是指一个齿轮的轮齿数目。

②模数 m:模数为齿距与 π 的比值。模数可以标志齿的大小。齿数相同的齿轮,模数大,其尺寸大;模数小,其尺寸小。

③分度圆半径 r:齿轮的分度圆是分析和设计齿轮时的参考圆。一对互相啮合的齿轮两个分度圆相切。分度圆半径 r 为

$$r = \frac{1}{2}mz$$

④中心距 a:中心距指一对互相啮合的齿轮,其平行轴线或交错轴线之间的最短距离,即

$$a = \frac{1}{2}m(z_1 + z_2)$$

⑤齿距 P:齿距为沿分度圆所量的两个相邻齿对应点之间的弧长,即

$$t = \frac{\pi D}{z}$$

⑥齿顶圆弧半径 ρ:构成部分的圆弧半径。

⑦中心圆半径 r_y：中心圆为齿顶圆弧中心所在的圆，其半径用 r_y 表示。

⑧衔接圆半径 r_x：衔接圆为齿顶圆弧和齿根直线衔接点所在的圆。其半径 r_x 为

$$r_x = \sqrt{r_y^2 - \rho^2}$$

⑨齿尖圆弧半径 ρ_j：齿尖圆弧半径为构成齿尖部分的圆弧半径。

⑩齿尖圆弧中心圆半径 r_j：齿尖圆弧中心圆为齿尖圆弧中心点所在的圆。其半径为

$$r_{j1} = r_{y1}\cos\beta + \sqrt{(\rho_1 - \rho_{j1})^2 - r_{y1}^2\sin^2\beta}$$

式中

$$\beta = \arccos\frac{r_{y1}^2 + r_1^2 - \rho_1^2}{2r_1 r_{y1}} - \frac{1}{2}s'_1\tau_1$$

⑪齿厚 s：齿厚为一个齿在分度圆上所包含的弧长。

⑫齿厚系数 s'：齿厚系数为齿厚与齿距的比值，即

$$s' = \frac{s}{t}$$

⑬齿顶圆半径 r_d：齿顶圆为过各齿轮齿顶的圆。

不带齿尖圆弧的齿顶圆半径为

$$r_d = r_y\cos\beta + \sqrt{\rho^2 - r_y^2\sin^2\beta}$$

式中

$$\beta = \arccos\frac{r^2 + r_g^2 - \rho^2}{2rr_y} - \frac{1}{2}s'\tau$$

带齿尖圆弧的齿顶圆半径为

$$r_{d1} = r_{j1} + \rho_{j1}$$

⑭齿根圆半径 r_g：齿根圆指过齿轮各齿根的圆。其半径为

$$r_g = r - h_g$$

⑮齿根高 h_g：齿根高为齿根圆与分度圆的径向距离，即

$$h_g = r - r_g$$

⑯齿轮齿尖衔接圆半径 r_{jx}：齿轮齿尖衔接圆为齿顶圆弧和齿尖圆弧衔接点所在的圆。其半径为

$$r_{jx}1 = \sqrt{\frac{1}{\rho_1 - \rho_{j1}}(\rho_1 r_{j1}^2 - \rho_{j1}r_{y1}^2) + \rho_1\rho_{j1}}$$

在计算手表齿轮的参数和尺寸时，下列数据应是已知的：齿顶圆弧半径、中心圆半径、齿尖圆弧中心圆半径、齿厚系数、齿根高、模数及齿数。

3.擒纵机构

擒纵机构和振动系统两部分组成擒纵调速系统。它依靠振动系统的周期性振动，使擒纵机构保持精确和规律性的间歇运动，从而取得调速作用。叉瓦式擒纵机构是应用最广的一种擒纵机构。它由擒纵轮、擒纵叉、双圆盘和限位钉等组成。它的作用是把

原动机构的能量传递给振动系统，以便维持振动系统做等幅振动，并把振动系统的振动次数传递给指针机构，达到计量时间的目的。

（1）结构主要部件

擒纵机构结构如图 1-11 所示。

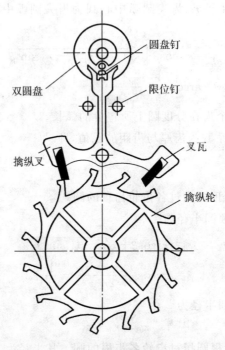

图 1-11　擒纵机构结构

①双圆盘：双圆盘由冲击圆盘、保险圆盘和圆盘钉组成，如图 1-12 所示。保险圆盘上有半圆形的保险槽，又称月牙槽。圆盘钉固定在冲击圆盘上。圆盘钉如图 1-13 所示，其材料为人造宝石。

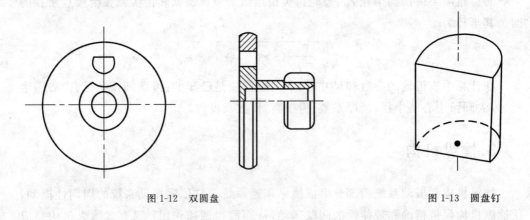

图 1-12　双圆盘　　　　　　　　　　　　　　　　图 1-13　圆盘钉

②擒纵轮：擒纵轮由擒纵轮片和擒纵齿轴铆合构成。擒纵齿轴齿形为一般增速啮

合的钟表齿形。擒纵轮片齿形如图 1-14 所示,整个齿形由齿锁面、齿冲面和齿背面围成。齿锁面与齿冲面的交线称为齿尖,齿冲面与齿背面的交线称为齿尾。擒纵轮片的齿数一般为 15,但也有 20 的。

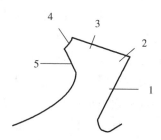

图 1-14 擒纵轮片齿形

1—齿锁面;2—齿尖;3—齿冲面;4—齿尾;5—齿背面

③限位钉:擒纵叉叉身两侧有两个销钉,用来限制擒纵叉摆动的角度,称为限位钉。限位钉一般被固定在主夹板上,也有用主夹板上的凸起或叉夹板上的凸起来起限位钉的作用的(图上未标出)。

(2)工作原理

擒纵机构实际上是间歇工作机构。叉瓦式擒纵机构是以进瓦半周期和出瓦半周期的轮流间歇工作完成计时信号的传输和能量的传递的。进瓦和出瓦的工作是相似的,下面以进瓦半周期的工作为例,说明叉瓦式擒纵机构的工作原理。

以图 1-15(a)所示作为开始位置(图中箭头分别表示各零部件的运动方向)。此时,摆轮处于由左振幅位置向平衡位置的运动过程中。擒纵轮的一个齿压在进瓦的锁面上,在牵引力矩的作用下,擒纵叉压在左限位钉上。由于游丝的恢复力矩,使摆轮接逆时针方向向平衡位置摆动。摆轮运动从左振幅位置开始,到圆盘钉与叉槽右壁接触为止,如图 1-15(b)所示,所转过的角称为第一附加角。摆轮在转过第一附加角的过程中,擒纵轮与擒纵叉是不动的,摆轮与擒纵机构没有联系,因此,把这个运动阶段称为第一自由振动阶段。

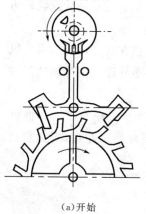

(a)开始   (b)释放碰撞   (c)释放结束

图 1-15 擒纵机构工作过程之一

当圆盘钉进入叉槽，并与叉槽右壁接触的那一瞬时，由于摆轮具有一定动量，圆盘钉与叉槽右壁产生了碰撞，致使擒纵叉获得一定的加速度，造成进瓦对擒纵轮的碰撞，使擒纵叉损失一定的动能，角速度减小，于是圆盘钉对叉槽右壁再次碰撞。这样的碰撞过程将持续若干次，并逐渐衰减。这一碰撞是在摆轮通过擒纵叉释放擒纵轮时发生的，称为释放碰撞。碰撞的结果是摆轮将能量传递给擒纵叉和擒纵轮，使它们获得了一定的动能，而摆轮却损失了一部分能量，如图 1-51(b)所示。

碰撞结束后，圆盘钉沿着叉槽右壁滑动。与此同时，擒纵叉离开左限位钉，擒纵轮齿尖在进瓦的锁面上相对滑动，进瓦逐渐被提起。从圆盘钉与叉槽右壁接触开始，一直到擒纵轮齿尖与进瓦前棱重合为止，是摆轮释放擒纵轮的阶段，所以称为释放阶段。在释放阶段中，摆轮所转过的角称为释放角，擒纵叉所转过的角称为全锁角。由于引角的关系，擒纵轮在释放阶段中将后退一个角，这个角称为静后退角。释放结束后，在擒纵轮的惯性作用下，再后退一个动后退角。如图 1-15(c)所示为释放结束时各部件的相互位置。

释放结束后，在发条力矩作用下，擒纵轮将按顺时针方向转动。于是，擒纵轮齿尖沿着进瓦齿冲面滑动，如图 1-16(b)所示，然后进瓦后棱沿擒纵轮齿冲面滑动，如图 1-16(c)所示，在这个运动过程中，擒纵轮通过擒纵叉把能量补充给摆轮游丝系统，所以称为传冲阶段。在传冲阶段中，摆轮所转过的角称为摆轮冲角。

实际上，传冲阶段是由两个阶段合成的，从释放结束到擒纵轮齿尖与进瓦后棱接触为止，擒纵轮是通过进瓦齿冲面传递能量的，所以称为瓦传冲阶段。在瓦传冲阶段中，擒纵叉所转过的角称为瓦冲角，擒纵轮所转过的角称为瓦宽角。从瓦传冲结束到擒纵轮齿尾与进瓦后棱接触为止，如图 1-16(d)所示，擒纵轮是通过擒纵轮齿冲面传递能量的，所以称齿传冲阶段。在齿传冲阶段中，擒纵叉所转过的角称为齿冲角，擒纵轮所转过的角称为齿宽角。

在整个传冲阶段中，叉槽都是以其左壁推动圆盘钉的。在传冲阶段开始时发生碰撞现象，称为传冲碰撞，如图 1-16(a)所示。

释放结束后，实际上并不能立即对摆轮传递冲量，并且传递能量也不是从擒纵轮齿尖与进瓦前棱接触时开始的，其原因如下：

①释放结束后，擒纵轮在后退一个动后退角的同时，擒纵叉也在转动，所以，当擒纵轮齿尖与进瓦接触时，由于进瓦已提起一定距离，擒纵轮齿尖将落到进瓦齿冲面的某一点上。

②为使圆盘钉能在叉槽内灵活地滑动，圆盘钉直径必须略小于叉槽宽度。在擒纵轮齿尖刚落到进瓦齿冲面上时，圆盘钉与叉槽右壁接触，而对摆轮传递冲量，则必须是叉槽左壁与圆盘钉接触。

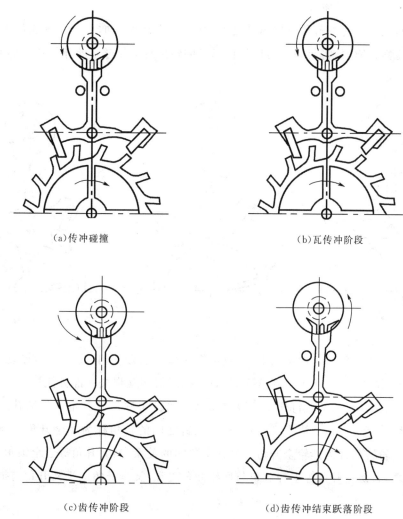

(a)传冲碰撞   (b)瓦传冲阶段

(c)齿传冲阶段   (d)齿传冲结束跃落阶段

图 1-16 擒纵机构工作过程之二

由于擒纵轮有动后退角,且圆盘钉与叉槽间有间隙,实际的摆轮冲角将小于理论的摆轮冲角,两者的差值称为冲量损失角。传冲结束之后,摆轮得到了能量,继续向右振幅位置摆动。从圆盘钉离开叉槽,到摆轮到达右振幅位置为止,是摆轮脱离擒纵叉进行自由振动的阶段,所以称为第二自由振动阶段。在这个阶段中,摆轮所转过的角称为第二附加角。

传冲结束后,在发条力矩作用下,擒纵轮齿尾与进瓦后棱脱开,按顺时针方向转动,擒纵轮的另一个齿落到了出瓦的锁面上,如图 4-17(a)所示。在这个过程中,擒纵轮所转过的角称为落角。由于牵引作用,将迫使擒纵叉转动,直到擒纵叉碰到右限位钉为止,如图 4-17(b)所示。在这个过程中,擒纵叉所转过的角称为损失角。如图 4-17(c)

所示,为第二自由振动阶段。

假设擒纵轮在转过落角时擒纵叉是不动的,将出瓦齿锁面上的擒纵轮齿尖到出瓦前棱的距离称为锁值,将与该值对应的擒纵叉的转角称为锁角。不难看出,全锁角等于锁角与损失角之和。

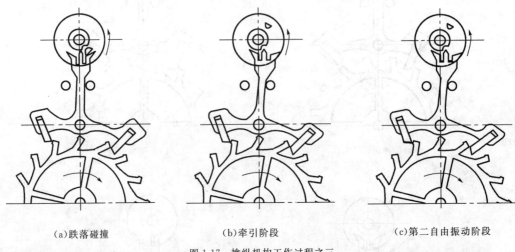

(a)跌落碰撞　　　　　(b)牵引阶段　　　　　(c)第二自由振动阶段

图 1-17　擒纵机构工作过程之三

擒纵轮齿尖落到出瓦齿锁面上,以及擒纵叉碰到右限位钉,也发生碰撞现象,称为跌落碰撞,如图 1-17(a)所示。在这次碰撞中,擒纵机构又损失一部分能量。

通常,把擒纵叉与圆盘钉作用阶段中擒纵叉的转角称为叉升角。与叉升角对应的摆轮转角称为摆轮升角。擒纵叉在左、右限位钉之间的转角称为叉全升角。与叉全升角对应的摆轮转角称为摆轮全升角。这几个角间的关系为:叉升角等于全锁角、瓦冲角与齿冲角之和;摆轮升角等于释放角与摆轮冲角之和;叉全升角等于叉升角与损失角之和。

4.振动系统

振动系统主要由摆轮、摆轴、游丝、外桩环、快慢针等组成,如图 1-18 所示。游丝的内外端分别固定在摆轴和摆夹板上。摆轮受外力偏离其平衡位置开始摆动时,游丝便被扭转而产生位能,称为恢复力矩。擒纵机构完成进瓦的过程,振动系统在游丝位能作用下,进行反方向摆动而完成另半个振动周期。机械手表在运转时,擒纵调速系统就这样不断地循环工作。

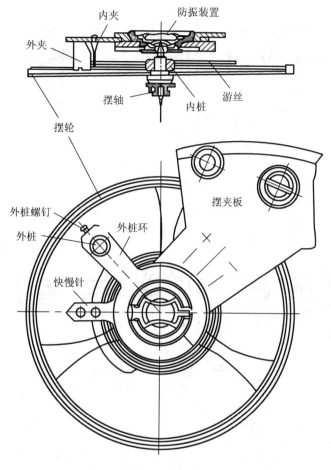

图 1-18　振动系统

5.上条拨针机构

上条拨针机构的作用是上条和拨针。它由柄轴、柄头、离合轮、立轮、离合杆、离合杆簧、拉档、拉档轴、拨针轮、跨轮、压簧、跨轮压片等组成,如图 1-19 所示。

(1)柄轴和柄头

柄轴是立轮和离合轮工作时的支承轴。工作时立轮和柄轴可以有相对运动。而离合轮只能在柄轴的方榫上上下滑动。

柄头由柄帽、柄头密封圈、柄盖等组成。柄头密封圈由橡胶制成,用来防水、防尘。柄帽由不锈钢制成,包在柄头外。

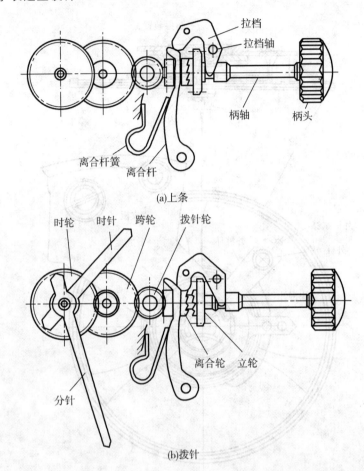

图 1-19 上条拨针机构

（2）离合轮和立轮

离合轮的中心为一方孔，与柄轴的方榫滑动配合。离合轮的一端为直齿，与拨针轮啮合，另一端是锯形斜齿，与立轮的端面斜齿啮合。它的中部有一凹槽，离合杆的杆身嵌在这个槽内。

立轮的圆周上有直齿，与小钢轮啮合。立轮的端面有锯形斜齿，其倾斜方向与离合轮的端面斜齿相反，它们之间为单向啮合传动。

（3）离合杆和离合杆簧

离合杆是一种杆状零件，一端有孔，套在主夹板柱上，以柱为旋转中心，可以左右摆动。离合杆的杆身嵌在离合轮的凹槽内，用以推动离合轮沿柄轴的方榫轴向移动。

离合杆簧是一种弯曲的弹性零件，安装在主夹板的槽中，其一端紧压在离合杆的杆身上。

（4）拉档和拉档轴

拉档是一种片状零件。它的一端有一个向下的挤钉，嵌在拉档轴的凹槽内。其中间部位有一孔,套装在拉档轴上,拉动柄轴时拉档即围绕拉档轴转动。有的拉档上还有一个拉档钉,嵌在压簧的凹槽中,拉档依靠拉档钉与压簧的两个定位凹槽来定位。

拉档轴为多台肩圆柱轴,一般是从表盘装入主夹板,另一端露在主夹板装配面。如果从装配面将拉档轴按下,则挤钉便会与柄轴的凹槽脱开,此时,柄轴和柄头即可抽出。

(5)拨针轮和跨轮

拨针轮是一种圆柱形齿轮,中间有孔。它既可与跨轮啮合,又可与离合轮啮合,通过它将离合轮的转动传递到跨轮。

跨轮由跨轮片与跨齿轴组合而成。跨轮片与分轮啮合;跨齿轴与时轮啮合。通过它们的转动保证时针、分针的传动比为一定值。

(6)压簧和跨轮压片

压簧是一种具有弹性的片状零件,用压簧螺钉固定在主夹板上,如图 1-20 所示。其短臂端部压紧拉档,使拉档端部的挤钉稳妥地嵌在柄轴凹槽内。压簧长臂上有上条定位槽和拨针定位槽,用于上条和拨针定位。另外,压簧还起限制离合杆、离合杆簧做轴向活动的作用。

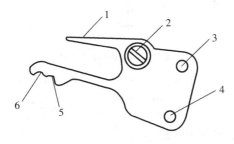

图 1-20　压簧

1—拉档压臂;2—压簧螺钉;3—离合杆柱孔;4—离合杆簧柱孔;
5—拨针定位槽;6—上条定位槽

跨轮压片也是一种片状零件,用螺钉固定在主夹板上。它的作用是确保拨针轮和跨轮工作时的轴向间段。

上条和拨针都是通过柄头来实现的。上条时,立轮和离合轮处于啮合状态,当转动柄头时,离合轮带动立轮,立轮又经小钢轮和大钢轮,使条轴卷紧发条,棘爪则阻止大钢轮逆转。拨针时,拉出柄头,拉档在拉档轴上旋转并推动离合杆,使离合轮与立轮脱开,而与拨针轮啮合。此时转动柄头,拨针轮便通过跨轮带动时轮和分轮,达到校正时针和分针的目的。

任务 4　计算某型号齿轮的齿数

在手表中,为了使时针、分针和秒针的转速具有一定的比例关系,需要由一系列齿轮所组成的齿轮结构来传动。下面通过例子来介绍齿轮齿数的计算。

例 某型号手表传动如图 1-21 所示。其中，E 为擒纵轮，N 为发条盘，S、M 和 H 分别为秒针、分针和时针。设 $z_1 = 72$，$z_2 = 12$，$z_2' = 64$，$z_3 = 8$，$z_3' = 60$，$z_4' = 60$，$z_5 = 6$，$z_2'' = 8$，$z_6 = 24$，$z_6' = 6$ 求 z_4 和 z_7。

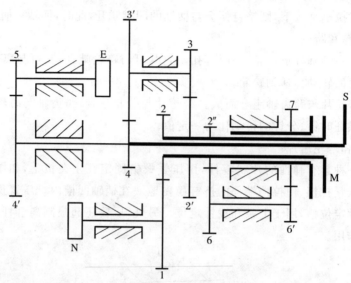

图 1-21 某型号手表传动

解 秒传动，由齿轮 1、2(2′)、3(3′)、4 组成定轴轮系，得

$$i_{1S} = \frac{n_1}{n_S} = \frac{n_1}{n_4} = (-1)^3 \frac{z_2 z_3 z_4}{z_1 z_2' z_3'} \tag{a}$$

分传动，由齿轮 1、2 组成定轴轮系，得

$$i_{1M} = \frac{n_1}{n_M} = \frac{n_1}{n_2} = -\frac{z_2}{z_1} \tag{b}$$

时传动，由齿轮 1、2(2″)、6(6′)、7 组成定轴轮系，得

$$i_{1H} = \frac{n_1}{n_H} = \frac{n_1}{n_7} = (-1)^3 \frac{z_2 z_6 z_7}{z_1 z_2'' z_6'} \tag{c}$$

因 $\frac{n_M}{n_S}$，故由式(a)、式(b)得

$$\frac{n_M}{n_S} = \frac{\dfrac{n_1}{n_S}}{\dfrac{n_1}{n_M}} = \frac{-\dfrac{z_2 z_3 z_4}{z_1 z_2' z_3'}}{-\dfrac{z_2}{z_1}} = \frac{z_3 z_4}{z_2' z_3'} = \frac{1}{60}$$

故

$$z_4 = \frac{z_2' z_3'}{60 z_3} = \frac{64 \times 60}{60 \times 8} = 8$$

因 $\frac{n_H}{n_M} = \frac{1}{12}$，故由式(b)、式(c)得

$$\frac{n_{\mathrm{H}}}{n_{\mathrm{M}}} = \frac{\dfrac{n_1}{n_{\mathrm{M}}}}{\dfrac{n_1}{n_{\mathrm{H}}}} = \frac{-\dfrac{z_2}{z_1}}{-\dfrac{z_2 z_6 z_7}{z_1 z_2'' z_6'}} = \frac{z_2' z_6'}{z_6 z_7} = \frac{1}{12}$$

故

$$z_7 = \frac{12 z_2'' z_6'}{z_6} = \frac{12 \times 8 \times 6}{24} = 24$$

　　各路的首末两齿轮的转向关系用正、负号表示，并可直接用外啮合的数目 m 来确定，即 $(-1)m$。

项目 2 机械手表零件设计

任务 1　创建并使用族表

1. 族表概述

族表是相似零件、装配或特征的集合，但这些零件、装配或特征在某些方面略有不同，如大小或所包含的详细特征。例如，某类型的螺栓尽管其大小不同，但外表相似并且具有相同的功能，故把它们看成是一"族"的零件模型，称为族表。族表中的零件也称为表驱动零件。族表可促进标准化元件的使用。

（1）族表结构

族表如图 2-1 所示。

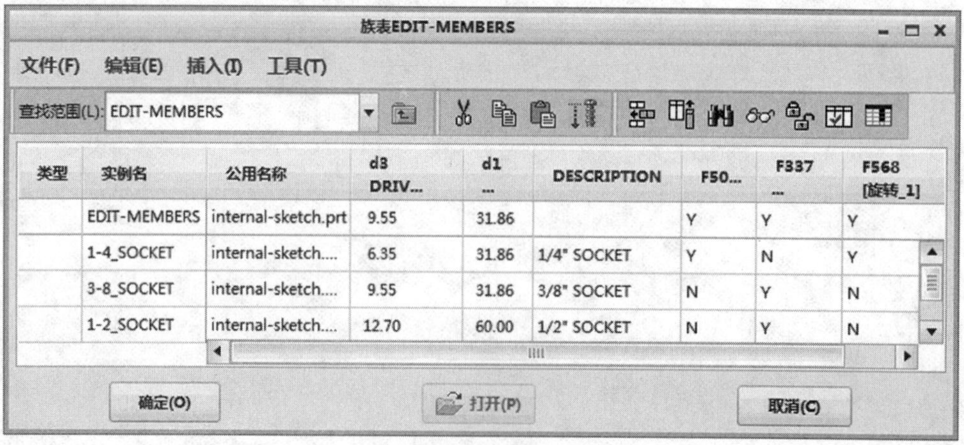

类型	实例名	公用名称	d3 DRIV...	d1 ...	DESCRIPTION	F50...	F337 ...	F568 [旋转_1]
	EDIT-MEMBERS	internal-sketch.prt	9.55	31.86		Y	Y	Y
	1-4_SOCKET	internal-sketch....	6.35	31.86	1/4" SOCKET	Y	N	Y
	3-8_SOCKET	internal-sketch....	9.55	31.86	3/8" SOCKET	N	Y	N
	1-2_SOCKET	internal-sketch....	12.70	60.00	1/2" SOCKET	N	N	N

图 2-1　族表

族表实质上就是电子表格,由行和列构成。族表包含下列三个部分:

①类属模型:族表的所有成员都以类属模型为基础。

②在类属模型中指定的可以在实例中改变的项目。

③实例:根据类属模型在表格中创建的族成员,如图 2-2 所示。

图 2-2　实例

族表行包含类属模型与零件实例及其对应值。类属模型是族表中的第一行。族表列可用来在类属模型中指定可以在实例中改变的项目。族表也包含指定列名称的标题。

需要注意,当创建族表时,系统实际上并不会为每一实例创建额外的.prt 文件,这些实例都是虚拟的。打开特定实例时,系统实际上会先打开类属模型,然后根据族表行中该实例的相关信息来重新生成此模型。

(2)族表使用

可以出于下列任一目的来使用族表:

①在单个模型内简单而又细致地创建并储存大量对象。

②将零件的生成标准化,既省时又省力。

③从一个零件文件生成多种形式的零件,而无须为每个零件建模。

④在零件中产生细小变化而无须使用关系更改模型。

⑤创建可以包含在零件目录或工程图中的零件表。

(3)族表实例识别

可以使用下列方式来识别实例:

①可以将"config. pro"文件中的"menu_show_instances"选项设置为"是",以在"文件打开"对话框和浏览器中显示所有实例。实例会显示为"instance_name<generic_name>. prt"的格式。

②在打开类属模型时,系统会提示在"选择实例"对话框中指定要打开哪个文件。可以选择打开类属模型或与其关联的实例。可以"按名称"或"按列"打开文件,如图 2-3 所示。"按列"选项允许根据在族表中为可变项目定义的值来过滤要打开的实例。

图 2-3　选择实例

③在 Creo Parametric 软件中打开族表模型时,图形窗口的左下角会指示它是类属模型还是实例。

④可使用"config. pro"文件中的"modeltree_show_gen_of_instance"选项来控制模型树中实例的名称显示。缺省设置会显示类属模型名称。例如,如果类属模型名为"bolt_fam. prt",同时从该模型中打开了实例"bolt_6-15. prt",则实例在模型树中将显示为"bolt_6-15<bolt_fam>. prt"。

⑤可以用鼠标右键单击实例并选择"打开类属"选项来打开类属模型。该选项可从零件模型的顶部节点或装配模型的元件中获取。

2.创建族表

(1)创建族表的步骤

可以按照下列步骤创建族表:

①创建要在族表中用作类属模型的模型。

②在类属模型中创建新族表。使用"族表"对话框中的"添加多个列"工具在类属模型中指定可在实例中改变的项目。在类属模型中指定的每个项目都将按照其指定顺序作为新列添加到表格中。可将以下项添加到族表中:尺寸、特征、合并零件、分量、参数、参考模型、组、阵列表及其他。

未作为要改变的项目,包括类属模型的所有方面,都会自动出现在每个实例中。例如,如果类属模型包含一个 2″孔,则所有实例都将在相同位置包含相同的 2″孔。

③使用"插入实例"[图标]工具以实例名称添加行,然后根据可以在实例中改变的项目配置每个实例。对于每个实例,都可以指定"Y(是)"或"N(否)",或输入一个数值,具体取决于项目类型。例如,可以为尺寸或参数指定一个不同的值。所有尺寸表的单元格都必须有一个指定的值。如果将该值指定为"﹡",则该项目将使用类属的值;如果将该值指定为"N",则特征在该实例的重新生成循环中将被隐含;如果将该值指定为"Y",则特征将包括在该实例的重新生成循环中。在图 2-4 中,6-POINT 特征仅包括在 1/4″套筒中,而 12-POINT 特征仅包括在 3/8″套筒与 1/2″套筒中。对应的 1/4″套筒如图 2-5 所示,可注意到只有 6-POINT 特征可见。

族表FAMILY_TABLE

文件(F)　编辑(E)　插入(I)　工具(T)

查找范围(L): FAMILY_TABLE

类型	实例名	公用名称	d3 DRIVE_SIZE	DESCRIPTION	F504 6-POINT	F337 12-POINT
	FAMILY_TABLE	internal-sketch.prt	9.55		Y	Y
	1-4_SOCKET	internal-sketch....	6.35	1/4" SOCKET	Y	N
	3-8_SOCKET	internal-sketch....	9.55	3/8" SOCKET	N	Y
	1-2_SOCKET	internal-sketch....	12.70	1/2" SOCKET	N	Y

图 2-4　实例配置

图 2-5　1/4″套筒实例

④使用"族表"对话框中的"验证实例"[图标]工具来验证族表实例。"验证"实例功能会尝试利用为该实例指定的值在表格中重新生成每个实例。如果这些值可使实例正确重新生成,则其验证状态显示为"成功";如果这些值导致几何失败或其他类型的失败,则其验证状态显示为"失败"。每次族表发生变化时,都必须重新验证所有实例。

(2)其他族表操作

在"族表"对话框中,还可执行下列操作:

①剪切单元[图标]/复制单元[图标]/粘贴单元[图标]:剪切、复制或粘贴单元格。也可以使用键盘上的"Ctrl+X"、"Ctrl+C"或"Ctrl+V"快捷键来进行操作。

②查找实例[图标]:根据"类型"和"类型"的值来查找特定实例或实例组。

③预览实例[图标]:在单独的窗口中预览实例。

④锁定/解锁实例🔓:锁定实例以禁止修改其值。

⑤用 Excel 编辑▦:使用 Microsoft Excel 软件(若已安装)来填充族表。为了便于识别,可以重命名族表中要使用的尺寸,尺寸的列标题名称会显示为尺寸名称。例如,在族表中识别形如"DRIVE_SIZE"而非"d3"的尺寸比较容易,如图 2-4 所示。

3.阵列化族表实例

可以使用"增量复制"🔧工具通过增大尺寸来自动产生大量实例。此工具非常适合于项目均匀增加的零件(如螺帽、螺栓、套筒组等)的族表。

启动"增量复制"工具时,会出现"阵列化实例"对话框,如图 2-6 所示,可以在其中配置阵列化选项。

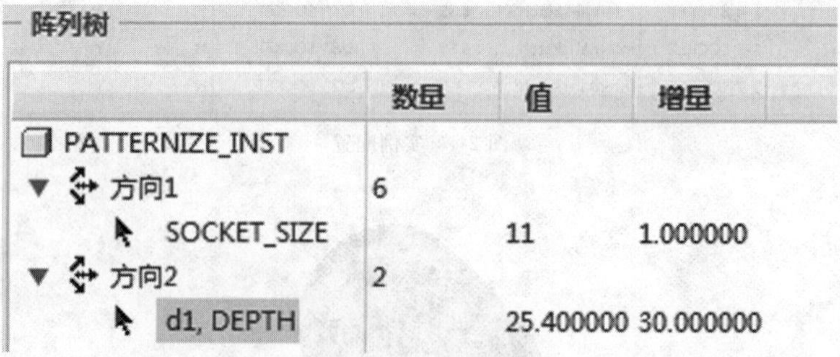

图 2-6 "阵列化实例"对话框部分

下列选项可用于阵列化实例:

(1)方向:定义要阵列化的项目的组。

(2)数量:指定沿指定方向阵列化的实例的数量。

(3)项:指定要阵列化哪个项目。任何需要值的项目都可以阵列化。族表中定义为"Y"或"N"的特征无法阵列化。

(4)增量值:为每个实例定义阵列化的项目的值。

如果定义要阵列化的多个方向,则系统会创建一个实例结果矩阵。在如图 2-7 所示族表实例中,套筒大小在方向 1 共增大了 6,套筒深度在方向 2 共增大了 2,因此,共创建了 12 个实例。其中 6 个用于其中一个深度的所有套筒大小,另 6 个用于另一个深度的所有套筒大小。已陈列化的模型如图 2-8 所示。

实例名	公用...	SOCKET_SIZE	d1 DEPTH
PATTERNIZE	internal...	11	25.400000
11MM_SHALLOW	internal...	11	*
12MM_SHALLOW	internal...	12	*
13MM_SHALLOW	internal...	13	*
14MM_SHALLOW	internal...	14	*
15MM_SHALLOW	internal...	15	*
16MM_SHALLOW	internal...	16	*
11MM_DEEP	internal...	11	55.400000
12MM_DEEP	internal...	12	55.400000
13MM_DEEP	internal...	13	55.400000
14MM_DEEP	internal...	14	55.400000
15MM_DEEP	internal...	15	55.400000
16MM_DEEP	internal...	16	55.400000

图 2-7　族表实例

图 2-8　已阵列化的模型

4.创建多级族表

族表并非仅限于单级的表格,可以通过打开实例并为其创建新族表来创建实例的实例。换句话说,第一个族表的实例现在将是第二个族表的类属模型。这种族表称为嵌套族表。创建嵌套族表的另一种方式是打开类属模型的族表,选择要变为新族表类属模型的实例,然后在"族表"对话框中选择"插入"→"实例层表"选项。

打开类属模型时,可利用"选择实例"对话框来选择族表中的任何实例。如果选择属于另一个族表的类属模型的实例,"选择实例"对话框会再次打开,并显示第二个族表的实例供选择,如图 2-9 所示。

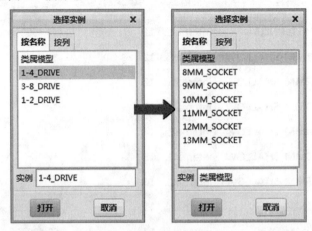

图 2-9 打开多级实例

如果打开原始类属模型的族表,则含有各自族表的实例会在"族表"对话框的"类型"列中显示一个文件夹图标,如图 2-10 所示。也可以在"查找范围"下拉列表中从类属模型的族表切换到实例的族表,如图 2-10 所示。由于嵌套实例是原始族表的子项,因此每次变更类属模型时,都必须重新验证它们。

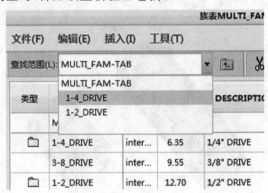

图 2-10 多级族表

5.编辑族表成员

Creo Parametric 模型的行为与生成的几何可能会有所不同,具体取决于编辑的是类属模型还是实例。请考虑下列情形以及类属模型与族表实例所发生的情况。

(1)在类属模型中编辑特征尺寸

如果在类属模型中编辑无法在族表中改变的尺寸,则几何在类属模型和所有实例中都会更新。

如果在类属模型中编辑可以在族表中改变的尺寸,则除非族表中实例的尺寸被设置为"＊",否则只有类属模型中的几何会更新。实例几何会保持在族表列中设置的尺寸。

（2）在实例中编辑特征尺寸

如果在实例中编辑无法在族表中改变的尺寸，则几何在类属模型和所有实例中都会更新。

如果在实例中编辑可以在族表中改变的尺寸，则系统会告知该尺寸是表驱动尺寸，族表修改一经确认，即可在实例中编辑值并更新几何。类属模型族表会在该特定实例行中更新，但不会在其他实例行中更新。

（3）在类属模型中添加或编辑特征

如果在类属模型中隐含或删除无法在族表中改变的特征，则该特征会在所有实例中自动隐含或删除。

如果在类属模型中隐含可以在族表中改变的特征，则除非族表中的可变值被设置为"＊"，否则只有类属模型中的特征会更新。实例特征会保持在族表列中设置的值。也就是说，如果值被设为"Y"，则会显示特征；如果值被设为"N"，则会隐含特征。

如果在类属模型中删除可以在族表中改变的特征，则该列会从族表中移除，并且会从所有实例中删除该特征。

如果将某个特征添加到类属模型，则该特征将被添加到所有实例中，如图 2-11 所示。

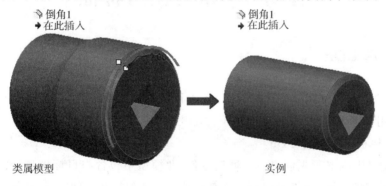

图 2-11 在类属中创建特征

（4）在实例中添加或编辑特征

如果在实例中隐含无法在族表中改变的特征，则只会在该特定实例中隐含该特征。系统会警告隐含实例特征只是临时有效。如果删除某个特征，则只会在该特定实例中删除。可以通过添加删除的特征作为可变项目来修改类属模型族表。这将允许在其他实例中隐含该特征。

如果在实例中隐含可以在族表中改变的特征，则只会在该特定实例中隐含该特征。系统会警告隐含实例特征只是临时有效。其他实例中的特征会根据在族表列中所设置的值进行隐含或恢复。对于已隐含的特征，它的值在族表中不会变更。如果从实例中删除特征，则只会在该特定实例中删除该特征。其他实例中的特征会根据在族表列中所设置的值进行隐含或恢复。对于该特定实例，已删除特征在族表中的值会变为"N"。

如果将特征添加到实例中,则该特征将作为要在类属族表中改变的项目被添加进去。对于特征被添加到其中的实例,列值被设置为"Y",对于类属模型及其他所有实例,列值被设置为"N"。在图 2-12 中,倒圆角被添加到实例中。因此,倒圆角被作为要改变的项目添加到类属模型族表中。

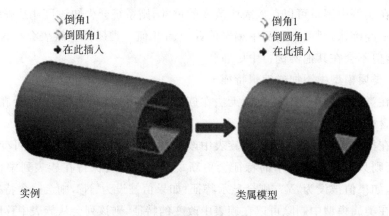

图 2-12 在实例中创建特征

任务 2 重复使用特征

1.创建 UDF

用户定义特征(UDF)是指由特征、参考和尺寸构成的组,它们可被保存起来供其他模型使用。可以利用 UDF 建立一个常用几何的资料库,从而节省时间。

(1)从模板模型定义 UDF

要创建 UDF,必须先创建一个模型零件,此模型中包含与目标模型(新模型)中的几何相同的基础几何。然后在此模型上建模那些将要包括在 UDF 中的特征。如图 2-13 所示为一个示例。建模这些特征时,需要考虑要创建参考的数量。在大多数情况下,尽量减少参考数有助于创建最有效的 UDF。

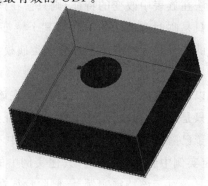

图 2-13 模板模型

在 UDF 库中定义 UDF(. gph 文件),为其指定一个容易识别的名称。UDF 库位置可由管理员定义。可以从"组目录"公用文件夹访问 UDF 库,它会在适当的时候显示出来。

接下来需要指定存储选项类型。存储选项有以下两种类型:

①从属的:创建对模板模型的参考,并自动使用模板模型作为参考模型,以便今后用于指导 UDF 的放置。必须有模板模型,才能使从属 UDF 起作用。对模板模型进行的任何变更都会自动反映到 UDF 中。

②独立:不参考模板模型,会将模板模型的全部信息都复制到 UDF 文件中。对模板模型进行的任何变更都不会反映到 UDF 中。创建独立 UDF 时,可以选择创建单独的参考模型。如果创建,则参考模型具有和 UDF 相同的名称,但带一个"_GP"后缀。

(2)定义提示

必须为 UDF 中的特征创建的每个参考定义一个提示。当放置 UDF 以帮助选择目标模型中的相应参考时,会显示每个原始特征参考的提示。因此,为每个参考创建的提示都应是说明性的。当定义参考的提示时,每个参考都会在图形窗口中突出显示,如图 2-14 所示。如果某个参考被用来创建多个特征,系统会询问为该参考创建一个还是多个提示。

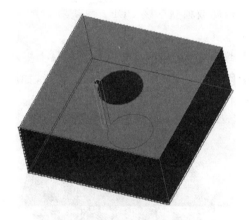

图 2-14 定义提示时突出显示曲面

①单个:为多个特征中使用的参考指定单个提示。放置 UDF 时,提示仅会显示一次,但为此提示所选择的参考会应用于使用相同参考的组中的所有特征。

②多个:为使用此参考的每个特征都指定一个单独提示。会加亮使用此参考的每个特征,因此可以为每个特征输入不同的提示。

(3)定义可变项目

可以定义要存储在 UDF 中的任何可变项目。创建 UDF 时,这是一个可选步骤。

①可变尺寸:会在放置尺寸时提示输入尺寸值。

②可变元素:允许在放置过程中访问特征的操控板,从而为当前应用重新定义特征。

利用族表,可创建同一特征的不同实例,每个实例都包含不同特征、尺寸和参数。

（4）修改 UDF

UDF 创建完成后,.gph 文件将被保存到当前目录下。选择 UDF 菜单中的"修改"选项可对已定义的 UDF 进行编辑。

2. 放置 UDF

如果在创建设计模型时经常重新创建相同的几何,则使用 UDF 让系统创建该几何会更有效。通过放置预先存在的 UDF 来创建几何的速度比每次都创建新几何的速度快得多。

（1）打开现有的 UDF(.gph 文件)

放置 UDF 时,首先必须打开目标模型。可以在功能区的"获取数据"下拉菜单中单击"用户定义特征"按钮并选择相应的.gph 文件插入 UDF。放置从属 UDF 时,需要用到模板模型。Creo Parametric 软件提供"用户定义的特征放置"对话框,利用该对话框,可轻松地将 UDF 放置在多个模型中。

放置 UDF 时,系统会将特征复制到目标模型中。复制的特征会成为一个组。从 UDF 创建的特征组可以从属或独立于该 UDF。

（2）选择提示的放置参考

接下来,必须在目标模型中为创建 UDF 时定义的每个提示选择参考。选择参考,可在子窗口中查看参考零件,这将有助于选择正确的参考,如图 2-15 所示。选择参考时,UDF 预览放置会在图形窗口中自动更新,如图 2-16 所示。

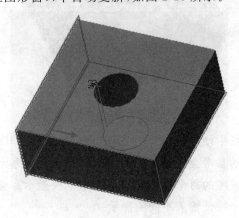

图 2-15 查看原始 UDF 上的参考

（3）编辑可变尺寸和注释元素

可以编辑在 UDF 创建过程中定义为可变项目的任何项目。这些项目包括"尺寸"、"参数"以及任何"注释元素项目"。

图 2-16　选择 UDF 放置的参考

（4）指定选项

接下来，可以指定选项，如放置时的缩放尺寸。可以保持相同的尺寸值或特征大小，或指定放置特征的缩放因子。这样可以针对不同大小或不同单位的模型来调整 UDF 的大小。此外，对于 UDF 中未指定为变量的元素，还可以指定是要锁定、解除锁定还是隐藏其尺寸。

还可以实时重新定义 UDF 中包含的任何特征。这将允许在放置时自定义 UDF。选择要重新定义的特征之后，必须将 UDF 的重新生成后退到所选特征之后，再向前执行步骤以进行重新生成。重新生成选定的 UDF 特征之后，其操控板将出现，即能够对该 UDF 特征进行重新定义。

（5）调整放置方向并完成放置

根据其特性，某些 UDF 部分可通过两种方法之一进行定向。这些项目在"调整"选项卡中显示为"方向项目"。可以选择每个可用的"方向项目"，然后反向其方向，查看预览动态更新。如果放置成功，将会在模型树中创建一个局部组。UDF 中隐藏的项在放置到模型中时，仍会保持隐藏状态。

（6）更新修改的 UDF

如果使已放置的特征组独立于该 UDF，会使所有 UDF 信息作为一个组被复制到目标模型中，而不会和 UDF 产生任何关联。如果修改 UDF，复制的组不会更新。不过，如果建立与原始 UDF 的相关性，则对 UDF 固定尺寸的更改会导致该组随之变化。必须根据 UDF 更改来手动更新组，方法是在"操作"下拉菜单中选择"UDF 操作"→"全部更新"选项，然后重新生成模型。

3.使用曲面上坐标系创建 UDF

当用于创建 UDF 参考的特征是曲面上坐标系时,UDF 的放置将获得一些功能:在放置时,UDF 将出现在可以通过拖动来定位 UDF 的动态预览中;也可以为 UDF 指定附加旋转角度。

构成 UDF 的特征应该仅参考曲面上坐标系。除了模型中用于创建 UDF 的曲面上坐标系外,这些特征不应该有其他任何父项。要简化这一特征,可通过曲面上坐标系创建三个正交基准平面,作为一组默认基准平面。

如果 UDF 特征中包括曲面上坐标系,则 UDF 设置仅需要创建用于坐标系参考的提示。当在这种情况下放置 UDF 时,可以选择参考以在目标模型中放置曲面上坐标系。

如果 UDF 特征中不包括曲面上坐标系,则 UDF 设置需要创建用于选择坐标系的一个提示。当在这种情况下放置 UDF 时,可以选择即时创建曲面上坐标系。

4.创建继承特征

继承特征可使几何和特征数据以单向相关联的方式从参考模型(原始模型,如图 2-17 所示)传播到目标模型(新模型,如图 2-18 所示)。创建的目标模型完全正常,即使在参考模型不在会话中时也是如此,并且可以包含一个或多个继承特征,如图 2-19 所示。继承特征可促进数据的重复使用。

图 2-17 参考模型

图 2-18 目标模型

图 2-19　完成的继承特征模型

（1）定义继承特征相关性

可以控制继承特征是否从属于参考模型。缺省情况下，继承特征从属于参考模型。当参考模型和目标零件处于同一个 Creo Parametric 会话中时，对参考模型所做的任何设计变更都会以相关联的方式传播到从属继承特征。修改参考模型时，独立继承特征不会更新。

（2）在继承特征中定义可变项目

缺省情况下，继承特征中所包含的几何和数据与其来源参考模型是相同的。但是，在操控板的"选项"选项卡中选择"可变项"选项，无须更改参考模型，即可定义可在继承特征中变化的几何项。这些项目包括尺寸、参数、几何公差以及特征的隐含或恢复状态。即使参考模型不在会话中也可以修改这些项目。

（3）外部继承特征

外部继承特征在表现制造过程中设计的发展演变时，或者在创建标准设计元素时都非常有用。可以外部化继承特征，并进而创建外部继承特征。装配中目标模型和参考模型的相对位置可用于在目标模型中放置继承特征。外部化操作可将参考移到装配环境，并可通过使用放置约束来定义外部继承特征在目标模型中的放置。

目标模型可包含一个或多个外部继承特征。在目标模型中，从参考模型传播的特征将表示为外部继承特征的子特征。可以基于外部继承子特征的阵列在目标模型中创建参考阵列。

（4）编辑外部继承特征

外部继承特征在模型树中显示为单一特征。展开其节点可显示构成参考模型的特征，如图 2-20 所示。

编辑外部继承特征的定义可以查看该特征的可变项目，并在"可变项"对话框中相应地修改它们。不能编辑未指定为可变项目的继承特征的任何区域，但是，如果尝试在不可变尺寸的继承特征中编辑尺寸，则系统会允许将其添加为可变尺寸，从而允许对该尺寸进行编辑。

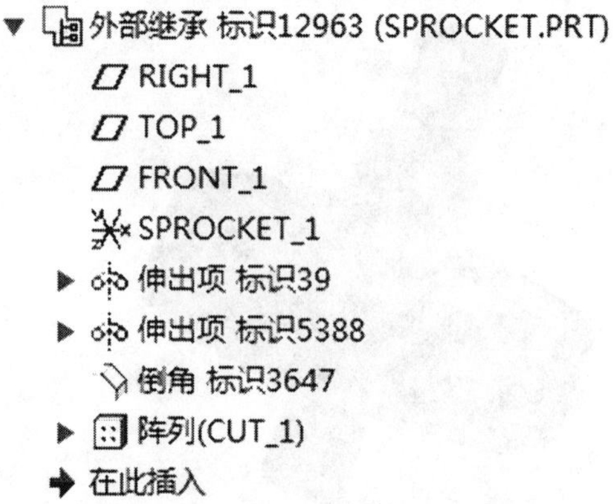

▼ ⌐ᵢₒ 外部继承 标识12963 (SPROCKET.PRT)
    ⊿ RIGHT_1
    ⊿ TOP_1
    ⊿ FRONT_1
    ✳ SPROCKET_1
    ▶ ₒᵢₒ 伸出项 标识39
    ▶ ₒᵢₒ 伸出项 标识5388
      ◥ 倒角 标识3647
    ▶ ⊞ 阵列(CUT_1)
  ➜ 在此插入

图 2-20 外部继承特征模型树

如果更新参考模型,则必须更新所有从属外部继承特征,才能反映这些更改。可以通过鼠标右键单击模型树中的外部继承特征并选择"更新继承"选项来执行此操作。随即出现警告对话框,指示将会根据当前基础模型状态和定义的修改来重新创建继承。基础模型即参考模型。

5. 使用外部合并来添加材料

可以使用外部合并特征添加材料,将几何从另一个模型添加到当前模型中。既可以使用外部合并特征将实体几何添加到已包含实体几何的零件模型中,也可以使用外部合并特征将实体几何添加到无当前实体几何的零件中。

要使用外部合并特征来添加材料,需要将当前模型中的合并插入想要添加材料的模型(目标模型,如图 2-21 所示)中,然后打开或选择源模型(如图 2-22 所示)。接下来,使用装配类型约束将源模型"装配"到目标模型中。最后,在完成特征前切换"移除材料"按钮将其禁用(如有必要)。完成后的外部合并模型如图 2-23 所示。

图 2-21 目标模型

图 2-22 源模型

图 2-23　完成后的外部合并模型

当创建合并特征时,必须选择是否从源模型中复制以下各项:

(1)注释。

(2)复制基准:如果已将基准从源模型复制到目标模型中,则已复制基准的名称将附有"_1"后缀。

当创建合并特征时,还有两个不同选项可供使用:

(1)从属:对合并特征是否从属于源模型进行控制。

(2)重新调整基准:调整已复制基准的大小。此选项只有在决定复制源模型的基准时才会可用。

"装配"模式下也存在"合并"元件操作,用于在当前装配中添加元件几何。

6.使用外部合并来移除材料

可以使用外部合并特征移除材料,从当前模型中移除另一个模型中的几何,即可以使用外部合并特征在包含实体几何的零件中去除实体几何。

要使用外部合并特征来移除材料,需要将当前模型中的合并插入想要移除材料的模型(目标模型,如图 2-24 所示)中,然后打开或选择源模型(如图 2-25 所示)。接下来,使用装配类型约束将源模型"装配"到目标模型中。最后,在完成特征前切换"移除材料"按钮将其启用(如有必要)。完成后的外部合并模型如图 2-26 所示。

当创建合并特征时,必须选择是否从源模型中复制以下各项:

(1)注释。

(2)复制基准:如果已将基准从源模型复制到目标模型中,则已复制基准的名称将附有"_1"后缀。

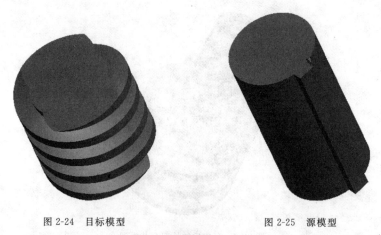

图 2-24　目标模型　　　　　　　　　图 2-25　源模型

图 2-26　完成后的外部合并模型

当创建合并特征时,还有两个不同选项可供使用:

(1)从属:对合并特征是否从属于源模型进行控制。

(2)重新调整基准:调整已复制基准的大小。此选项只有在决定复制源模型的基准时才会可用。

"装配"模式下也存在"切除"元件操作,用于在当前装配中去除元件几何。

任务3　创建表盘

1.创建表盘实体

(1)单击"文件"→"新建",在弹出的"新建"对话框中,选择新建类型为"零件",输入零件名称为"biaopan",不选用默认模板,在弹出的"模板"对话框中,选择"mmns_part_solid"模板,完成零件的创建。

(2)单击"模型"→"拉伸",进入"拉伸"特征编辑界面,单击"放置"→"定义内部草绘",在弹出的"草绘"对话框中,选择"FRONT"面作为草绘平面,如图 2-27 所示,单击"草绘"按钮,进入草绘环境,绘制如图 2-28 所示截面,单击 ✓ 按钮,完成草绘。

图 2-27　"草绘"对话框

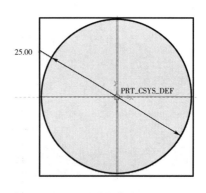

图 2-28　表盘实体特征截面

(3)在"拉伸"特征编辑界面,设置类型为 ⊥ (草绘平面以指定的深度值拉伸),表面厚度为"0.50",如图 2-29 所示,单击 ✓ 按钮。

图 2-29　拉伸设置

(4)完成后的表盘模型如图 2-30 所示。

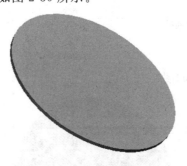

图 2-30　表盘模型一

2.创建分刻度

(1)创建"拉伸"特征,选择表盘实体上表面作为草绘平面,绘制如图 2-31 所示的截面,单击 ✔ 按钮,完成草绘。

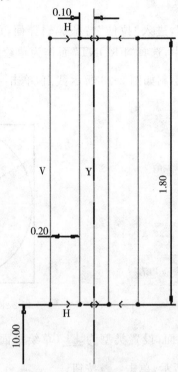

图 2-31　表盘分刻度特征截面

(2)在"拉伸"特征编辑界面,设置类型为 ⊥,高度为"0.10",单击 ✔ 按钮。

(3)单击"模型"→"阵列",设置类型为"轴",数目为"59",角度为"6.0",单击 ✔ 按钮,完成阵列。

| 轴 ▼ | 1 1个项目 | ✗ 59 | 6.0 ▼ |

图 2-32　阵列设置

(4)完成后的表盘模型如图 2-33 所示。

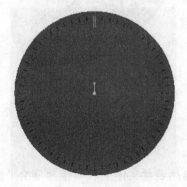

图 2-33　表盘模型二

3.创建时刻度

（1）创建"拉伸"特征，在"草绘"对话框中，选择"使用先前的"选项，以之前的平面作为草绘平面，单击"草绘"按钮，进入草绘环境，绘制如图 2-34 所示截面，单击 ✓ 按钮，完成草绘。

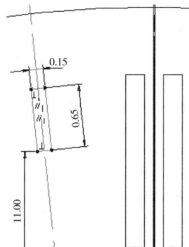

图 2-34　表盘时刻度特征截面

（2）在"拉伸"特征编辑界面，设置类型为 ⊥，高度为"0.10"，单击 ✓ 按钮。

（3）单击"模型"→"阵列"，设置类型为"轴"，数目为"11"，角度为"30.00"，如图2-35所示。

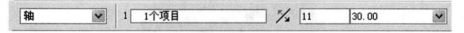

图 2-35　阵列设置

（4）完成后的表盘模型如图 2-36 所示。

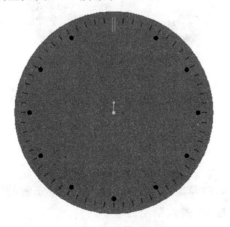

图 2-36　表盘模型三

4.创建中心孔

(1)在"空特征"面板,选择"创建简单孔",设置直径为"1.00"。选择表盘上表面,单击"放置",设置类型为"线性",偏移参考选择两个相互垂直的基准平面,如图 2-37 所示,单击 按钮,完成中心孔创建。

图 2-37　孔设置

(2)完成后的表盘模型如图 2-38 所示。

图 2-38　表盘模型四

5.创建字体

(1)创建"拉伸"特征,在"草绘"对话框中选择"使用先前的"选项,以之前的平面作为草绘平面,单击"草绘"按钮,进入草绘环境。

（2）在草绘环境中，设置字体高度为"0.15"，输入文字"机电工程"，其余设置如图2-39所示，单击 ✔ 按钮，完成草绘。

（3）在"拉伸"特征编辑界面，设置类型为 ⊥，高度为"0.10"，单击 ✔ 按钮。

（4）至此，表盘实体造型设计全部完成，经过渲染，表盘最终模型如图 2-40 所示。

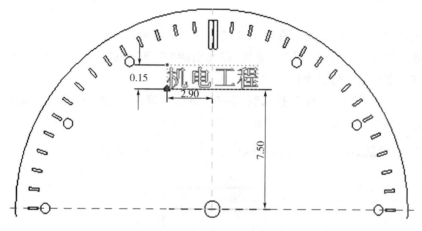

图 2-39　字体特征截面

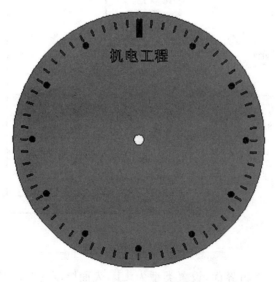

图 2-40　表盘最终模型

任务4 创建表壳实体

1.创建基体

(1)单击"文件"→"新建",在弹出的"新建"对话框中,选择新建类型为"零件",输入零件名称为"biaoke",不选用默认模板,在弹出的"模板"对话框中,选择"mmns_part_solid"模板,完成零件的创建。

(2)单击"模型"→"拉伸",进入"拉伸"特征编辑界面,单击"放置"→"定义内部草绘",在弹出的"草绘"对话框中,选择"FRONT"面作为草绘平面,单击"草绘"按钮,进入草绘环境,绘制如图 2-41 所示截面,单击 ✔ 按钮,完成草绘。

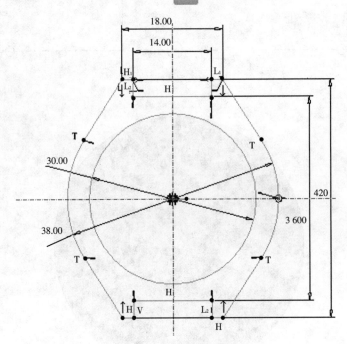

图 2-41 表壳基体特征截面

(3)在"拉伸"特征编辑界面,设置类型为 ⊥,表面厚度为"0.50",单击 ✔ 按钮。

(4)完成后的表壳模型如图 2-42 所示。

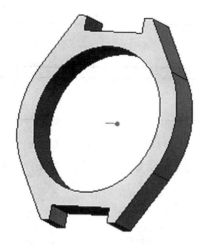

图 2-42　表壳模型一

2. 创建过渡圆弧

(1)利用"倒角"工具创建倒角特征,参数设置如图 2-43 所示,倒角后的模型如图 2-44所示。

图 2-43　倒角设置

F6(倒角_1)

图 2-44　表壳模型二

(2)单击"模型"→"拉伸",进入"拉伸"特征编辑界面,单击"放置"→"定义内部草绘",在弹出的"草绘"对话框中,选择"RIGHT"面作为草绘平面,单击"草绘"按钮,进入草绘环境,绘制如图 2-45 所示截面,单击 ✓ 按钮,完成草绘。

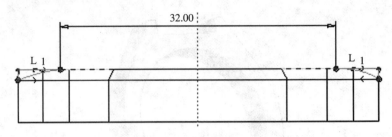

图 2-45 表壳过渡圆弧特征截面

（3）在"拉伸"特征编辑界面，设置类型为▣，单击"移除材料"按钮，如图 2-46 所示，单击✔按钮。

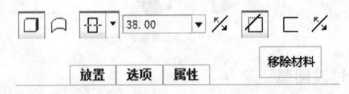

图 2-46 过渡圆弧设置

（4）完成后的表壳模型如图 2-47 所示。

图 2-47 表壳模型三

3. 创建孔

（1）创建"拉伸"特征，选择如图 2-48 所示 A 面作为草绘平面，绘制如图 2-49 所示截面。

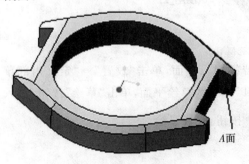

图 2-48 表壳模型四

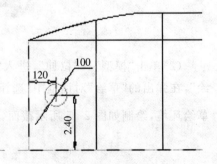

图 2-49 表壳孔特征截面一

（2）在"拉伸"特征编辑界面，单击"移除材料"按钮，设置拉伸深度为"2"，单击 ✔ 按钮。

（3）选中该"拉伸"特征，单击 ⅢⅢ **镜像**，进入"镜像"特征编辑界面，选择"RIGHT"面作为镜像面，单击 ✔ 按钮，完成镜像。

（4）选中步骤（2）、（3）所建立的特征，单击 ⅢⅢ **镜像**，进入"镜像"特征编辑界面，选择"TOP"面作为"镜像"面，单击 ✔ 按钮。完成后的表壳模型如图 2-50 所示。

（5）创建"拉伸"特征，选择"RIGHT"面作为草绘平面，绘制如图 2-51 所示的截面，单击 ✔ 按钮，完成草绘。

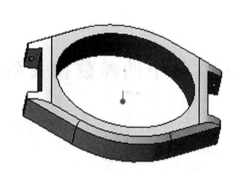

图 2-50 表壳模型五

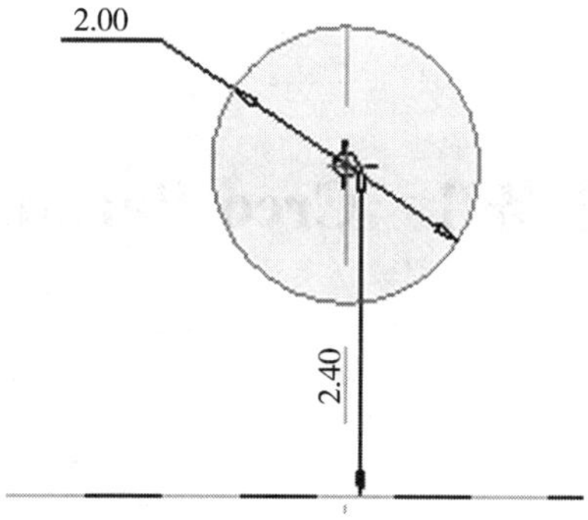

图 2-51 表壳孔特征截面二

（6）在"拉伸"特征编辑界面，设置类型为 ⊥，单击"移除材料"按钮，单击表壳外侧，选中拉伸终点，单击 ✔ 按钮。

（7）完成后的表壳最终模型如图 2-52 所示。

图 2-52 表壳最终模型

项目 3 参数化设计齿轮

任务1 Creo Parametric 软件中的参数和关系

1.关系理论概述

在 Creo Parametric 软件中,每个尺寸都有一个变量名。关系是在尺寸和参数之间编写的用户定义的方程,可以是简单赋值、方程或复杂的条件分支语句,可以定义草绘、特征、零件或装配元件中的关系以捕捉设计目的。关系本身就存储在模型中。

(1)关系语法

使用尺寸符号名称(图 3-1)或参数名称建立关系。例如,d1=d2+d3。在使用"关系"对话框(图 3-2)时,尺寸值切换到符号名称。也可在"模型意图"下拉菜单中选择"切换符号"选项,或查看尺寸属性和"名称"字段的内容。

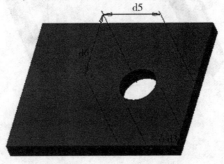

图 3-1　尺寸符号名称

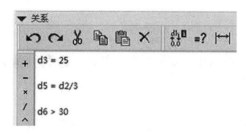

图 3-2　"关系"对话框

（2）尺寸命名

尺寸命名比较灵活，可以编辑尺寸的属性，指定一个有意义的名称。例如，可以将尺寸名称改为 WIDTH 和 HEIGHT，代替 d1 和 d2。然后可以在关系中使用这些名称。如果修改尺寸名称，该更改会自动反映在关系中。

（3）方程类型

方程主要有等式和比较两种类型。

① 等式：使方程左侧的参数与右侧的表达式相等。这种类型的关系用来给尺寸和参数赋值。例如：

- 简单赋值：d3＝25，d3＝HOLE_DIA 或 d5＝d2/3。
- 复杂的赋值：d5＝LENGTH * (SQRT(d7/3＋d4))。

② 比较：将方程左侧的表达式与右侧的表达式进行比较。这种类型的关系通常用作约束，或在条件语句中用于逻辑分支。例如：

- 简单约束：d6＞30。
- 复杂的约束：(d1＋d2)＞(d3＋2.5)。
- 条件语句：IF(d0＋3)＞＝10，d3＝30。

（4）修改由关系驱动的尺寸

如果尺寸是由关系驱动的，则无法直接修改尺寸。可以编辑驱动它的关系，或从关系中删除该尺寸。例如，如果输入关系 d0＝d1＋d2，则无法直接修改 d0。必须修改 d1 或 d2 或编辑关系才能更改 d0 的值。如果修改尺寸名称，该更改会自动反映在关系中。

（5）运算顺序

重新生成模型之前不会计算关系。重新生成期间，会按照下列顺序来计算关系：

① 重新生成刚开始时，系统会以关系的输入顺序来计算模型关系。

② 在装配中，会先计算装配关系。然后，系统会按照元件放置顺序来计算所有子装配关系。这表示会在任何特征或元件开始重新生成之前计算所有子装配关系。

③ 系统会按照创建顺序开始重新生成特征。如果将特征附加到特征关系中，会在重新生成该特征之前计算这些关系。

④ 如果将任何关系都指定为"后重新生成"，系统会在完成重新生成之后计算这些关系。

2.关系类型

在 Creo Parametric 模型中可以创建多种类型的关系,主要有截面关系、特征关系、零件关系、装配关系四种。

（1）截面关系

截面关系是在"草绘器"中创建的关系,用于控制复杂截面的几何。该关系是与草绘一起计算的。如图 3-3 所示,显示的草绘器尺寸可用于创建截面关系。

（2）特征关系

特征关系是添加到所选特征的关系。在零件重新生成期间,会在零件关系之后,重新生成它们应用到的特征之前计算这些关系。可以在应用了零件关系且已重新生成某些特征之后,使用特征关系来更改特征几何。在图 3-4 中,显示的特征尺寸可用于创建特征关系。

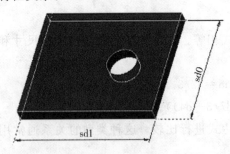

图 3-3　草绘器尺寸

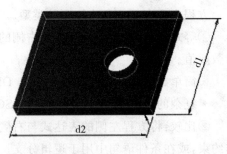

图 3-4　特征尺寸

（3）零件关系

零件关系是在零件级添加的关系。在零件重新生成期间,可以在重新生成零件特征之前或之后计算这些关系。零件关系通常是在模型特征之间创建的最常见关系类型。如图 3-4 中显示的特征尺寸可用于创建零件关系。

（4）装配关系

可以使用会话 ID 或元件 ID 来编写装配关系以控制元件之间的几何。

①使用会话 ID:如果参考属于另一个模型的参数,则该参数必须包含被参考模型的会话 ID。以下是装配关系的格式:

从动模型中的参数:会话 ID＝驱动模型中的参数:会话 ID

可以单击"显示"→"会话 ID",或选择所需对象类型（"装配""零件"或"骨架"）,然后选择元件,从"关系"对话框中确定会话 ID。名称和会话 ID 会显示在消息窗口中。

②使用元件 ID:在"装配"模式下创建关系时,可能需要使用元件的内部 ID。装配中的每个元件都有一个唯一的元件 ID,即使两个元件拥有相同的元件名称和相同的会话 ID,也是如此。参考元件 ID 时使用下列语法:

d＃:cid_(元件 ID＃)或 d2:CID(2)

单击"工具"→"调查"→"元件",然后选择元件并单击"应用",可确定元件的内部

ID。名称和元件 ID 会显示在消息窗口中。

（5）继承关系

继承关系是从"零件"和"装配"模式访问继承特征的关系。

（6）阵列关系

阵列关系在"零件"或"装配"模式下访问阵列的关系。

（7）骨架关系

骨架关系是在"装配"模式下访问骨架模型的关系。

（8）元件关系

元件关系是访问装配元件的关系。

在特征中创建关系,需要注意以下规则:

特征关系与特征一起保存,而且无论在其中使用特征的模型如何都与其在一起。会在零件关系之后计算特征关系,而且会在重新生成它们所属的特征时计算它们。因此,如果关系执行几何计算(如两点之间的距离),它可以根据将它用作特征关系还是零件关系来提供不同的结果。注意,可以依照特征级的名称来修改现有模型参数。

3.基本关系运算符和函数

编写关系时,可以利用许多不同的基本数学函数和运算符。

（1）加注释

在关系中使用注释可帮助理解添加关系的原因,也可以让使用模型的其他人获益。每个注释行都必须以一个斜线和一个星号开头,而关系紧跟在下一行,如图 3-5 所示。注释应该位于它所应用到的关系之前。对关系进行排序时,注释会随着关系一起移动并保持在它之上。

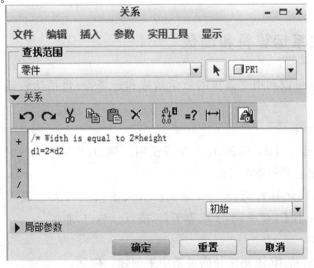

图 3-5　加注释

（2）符号

多种尺寸类型都使用后跟索引编号的符号代码,同一尺寸在不同的环境下语法也不相同。

以下是不同的尺寸语法：

①d＃:"零件"或"装配"模式下的尺寸。

②d＃:＃:"装配"模式下元件中的尺寸。会将装配或元件的会话 ID 添加为后缀。

③rd＃:零件或顶级装配中的参考尺寸。

可在"草绘器"关系中使用以下尺寸符号：

①sd＃:"草绘器"模式下的尺寸。

②rsd＃:"草绘器"中的参考尺寸。

③kd＃:"草绘器"中的已知尺寸。会为在现有几何之间（而非截面图元之间）创建的尺寸指定此符号。

（3）预定义的变量

可使用的预定义的变量有:$PI=3.141\,592\,654$;$G=9.8m/sec2$;$C1=1$;$C2=2$;$C3=3$;$C4=4$ 等。

（4）运算符号

可使用的运算符号有:＋,加;－,减;/,除;＊,乘;ˆ,求幂;（）,括号等。

（5）数学函数

可使用的数学函数有:cos（）,余弦;tan（）,正切;sin（）,正弦;sqrt（）,平方根;asin（）,反正弦;acos（）,反余弦;atan（）,反正切;sinh（）,双曲正弦;cosh（）,双曲余弦;tanh（）,双曲正切;log（）,以 10 为底的对数;ln（）,自然对数;exp（）,e 的指数;abs（）,绝对值;ceil（）,不小于实值的最小整数;floor（）,不大于实值的最大整数等。

4.高级关系运算符和函数

编写关系时,可以利用更高级的数学函数和运算符,包括比较运算符和条件语句等。

（1）比较运算符

比较运算符通过 TRUE/FALSE 值来使用。例如,当 $d1\geq3.5$ 时,会返回 TRUE;而 $d1\leq3.5$ 时,则会返回 FALSE。

可使用的比较运算符有:＝＝,等于;＞,大于;＞＝,大于或等于;!＝、＜＞和～＝,不等于;＜,小于;＜＝,小于或等于;|,或;&,与;!,非等。

（2）条件语句

条件语句通过将 IF 语句添加到关系中来创建。例如：

IF d1＞d2

　　dia＝25

ENDIF

IF d1＜＝d2

　　dia＝60

ENDIF

在图 3-6 和图 3-7 中,IF 语句用于确定直径值。在图 3-6 中,由于 d1＞d2,因此最后产生的直径为 25。在图 3-7 中,由于 d1＜d2,因此最后产生的直径为 60。

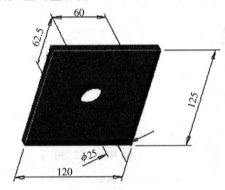

图 3-6　ENDIF 语句的不同结果一　　　　　　　　图 3-7　ENDIF 语句的不同结果二

可以在分支中添加 ELSE 语句,来创建更为复杂的条件结构。有了这些语句,就可以将之前的关系修改为:

IFd1＞d2

　　dia＝25

ELSE

　　dia＝60

ENDIF

可以在 IF、ELSE 以及 ENDIF 语句之间列出几个特征。此外,也可以在特征序列中嵌套 IF/ELSE/ENDIF 结构。

在创建条件语句时,需要考虑以下规则:

①将 ENDIF 拼作一个字。

②将 ELSE 添加到单独行上。

③将条件语句中的“等于”输入为两个等号(＝＝)。赋值以一个等号(＝)进行输入。

5.创建参数

利用参数可以将附加文本或数字信息添加到模型中。参数的使用示例包括:获取非几何类型的信息(如 COST 或 VENDOR)、使用数字参数来通过关系驱动尺寸值以及根据其他尺寸或参数值来定义参数值。参数也可以与族表搭配使用来为每个实例定义不同的信息,与绘图搭配使用以报告表格或格式中的信息,以及与数据管理工具(如Windchill)搭配使用。"参数"对话框如图 3-8 所示。

图 3-8 "参数"对话框

可以创建的参数类型如下:

(1)整数:整数数值,如 1、3、100 和 267。

(2)实数:任意数值,如 1.25、25、75 和 PI。

(3)字符串:一系列字母数字值(数字或字母),如 STEEL、JOHN SMITH 和 PTC。

(4)是/否:值为 YES 或 NO 的参数。

可以创建与下列对象类型关联的参数:装配、骨架、元件、零件、特征、继承、面组、曲面、边、曲线、复合曲线、注释元素、材料。

6.参数类别与使用

(1)参数类别

在 Creo Parametric 软件中,可以创建不同类别的参数,主要有局部参数、外部参数、用户参数及系统参数。不同类别的参数在查看与编辑时有不同的操作权限。

①局部参数:在当前模型中创建的参数。可以在模型中编辑局部参数。

②外部参数:在当前模型外部创建并用来控制模型的某些方面的参数。不能在模型中修改外部参数。例如,可以在"布局"模式下添加参数以定义某些零件尺寸。打开该零件时,这些零件尺寸从"布局"模式受控,而且在零件中为只读。同样,可以在 PDM系统中创建参数并将它们应用到零件中。

③用户参数：可以附加到几何的附加信息。可以将用户参数添加至装配、零件、特征或图元。例如，可以为装配中的每个零件创建一个 COST 参数，然后，将 COST 参数纳入"物料清单"中以计算装配的总成本。

④系统参数：由系统定义的参数，如"质量属性"参数。这些参数通常为只读，可以在关系中使用它们，但无法控制它们的值。

（2）创建多个参数

可以为多个对象一次创建几个参数。为此，请按键盘上的"Ctrl"键并从模型树中选择多个特征或元件，鼠标右键单击并选择"编辑参数"，然后使用"参数"对话框为所有所选对象创建或编辑参数。

（3）在模型树中显示及创建参数值

可以使用"模型树列"对话框来添加列，使参数值在模型树中按列显示。这使用户能够针对零件模型中的"特征"参数与装配模型中的"元件"参数添加列。添加列之后，可以单击列中的空白单元格，将参数添加至该特征或元件。

（4）用户参数命名规则

需要注意，在命名用户参数时要考虑以下规则：

①如果要在关系中使用用户参数名称，则用户参数名称必须以字母开头。

②不能使用 d♯、kd♯、rd♯、tm♯、tp♯ 或 tpm♯ 作为用户参数名称，因为已将它们留作与尺寸搭配使用。

③用户参数名称不得包含非字母数字字符，例如!、@、♯和 $。

④用户参数的名称一经创建便无法变更。

7.高级参数选项

"参数"对话框中有以下高级参数选项可用：

（1）单位：从可用单位列表中定义参数的单位。只能定义实数类型的参数的单位，而且只能在创建参数时定义。

（2）指定：指定所选系统以及在 Pro/INTRALINK 或另一个 PDM 系统中用作属性的用户参数。

（3）访问：定义对参数的访问，包括：

①完全：完全访问参数是用户定义的参数，可以从任何应用程序修改这些参数。

②限制的：将完全访问参数设置为受限的访问。无法通过关系修改限制的访问参数。限制的访问参数只能通过"族表"和"程序"进行修改。

③锁定：锁定访问参数是可以由用户或外部应用程序（如"数据管理系统"、"分析特征"、"关系"或"程序"）锁定的参数。只能从外部应用程序中修改由外部应用程序锁定的访问参数，而无法从任何外部应用程序中修改用户定义的锁定访问参数。

（4）源：表示参数创建于何处或从何处驱动。

（5）说明：提供参数说明。

（6）受限制的：表示由外部文件定义其属性的受限制的参数。

（7）重新排序参数：使用"参数"对话框右侧的向上和向下箭头来重新排序该对话框中的参数。会在退出"参数"对话框和保存模型时保留顺序，如图 3-9 所示。

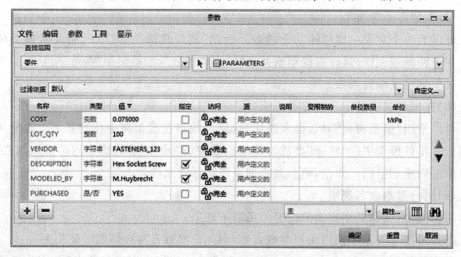

图 3-9 "参数"对话框

8. 创建关系

可以使用"关系"对话框来查看尺寸符号和编写关系，其中也包含各种关系工具，如图 3-10 所示。

（1）查看尺寸符号

可以从"关系"对话框中查看尺寸符号。缺省情况下，当在"关系"对话框中选择特征时，会显示尺寸符号。也可以单击"切换尺寸"，以在尺寸符号和值之间进行切换。

在零件模型中，通过编辑显示尺寸的特征来查看尺寸符号。在"模型意图"下拉菜单中选择"切换符号"选项。选择一个尺寸，单击鼠标右键，然后选择"属性"选项，再查看"尺寸文本"选项卡中"名称"字段中的符号。

（2）编写关系

编写关系时，需要用注释行（以 / * 开始的行）作为每个关系的开头。可以输入完整的关系，也可以在图形窗口中选择尺寸符号，将其插入关系中。可以直接输入数学运算符和括号，也可以使用图标。表 3-1 为关系示例。

图 3-10 "关系"对话框

表 3-1   关系示例

等式	d3＝2.5 * d2	d1＝DEPTH	d3＝sin(d1＋1)＋d2
约束	d3＞＝10	d2！＝100	d1＜(d2 * d3)−1
逻辑	IF d1＝＝6 　　d2＝15 ENDIF	d1＝d1＋10 IF d1＞350 　　d1＝5 ENDIF	IF MATL＝＝STEEL 　　d2＝10 ENDIF

编辑尺寸时如果违反了约束,会导出一条警告消息,但该消息可以忽略。

(3)关系工具

"关系"对话框中有以下工具:

①提供值 ＝？:输入尺寸符号、参数或关系的一部分以计算结果。

②显示尺寸 ↔:输入尺寸符号或名称以在模型上将其突出显示。

③选择单位 🔧:选择要插入的单位,也可以将关系设置为计算时考虑单位。

④插入函数 ƒx:显示关系函数的完整列表。

⑤插入参数 [ ]:选择要插入关系中的参数。

⑥排序关系 ▤▤ ：排序函数会根据系统计算关系的方式来按优先顺序为关系排序。如果一个关系取决于另一个关系的值，即会随之重新进行排序。排序关系可帮助检测不需要的圆形关系，也可对带注释行的关系进行排序。注释行会附加到其下方的关系，并在排序期间随该关系移动。如果关系前面有多个注释行，它们都会附加到该关系上。例如，如果输入关系 d0＝d1＋3 * d2 和 d2＝d3＋d4，那么在对它们进行排序时，系统会根据它们的计算顺序重新进行排序。由于第一个关系需要第二个关系的值，因此排序时会颠倒顺序。

⑦验证关系 ☑ ：计算关系并校验其有效性。

（4）重新生成位置

可以将重新生成位置指定为"初始"，即在第一个特征之前计算关系的位置，或指定为"后重新生成"，即在最后一个特征之后计算关系的位置。"初始"是缺省选项。

（5）在关系中使用参数

可以从关系中访问参数，也可以创建参数作为关系的结果。例如，可以创建名称为 LENGTH 且等于 15 的实数参数。然后可以添加 d5＝LENGTH 的关系。当重新生成模型时，尺寸 d5 会在更新 LENGTH 参数时更新为新值。注意，可以输入参数的字符串值，方法为在关系中用引号将它们括起来。

可以展开"关系"对话框以显示"参数"对话框。

（6）在关系中创建参数

可以在关系中直接创建或编辑参数。例如，可以输入 LENGTH＝d5。如果参数 LENGTH 之前确实存在，系统将修改其值；如果参数 LENGTH 之前并不存在，系统会将其创建为"实数"参数。

（7）最佳做法

通常排序和校验关系是为了避免发生错误，尤其在编写多行关系时。可以在模型上修改尺寸和参数来测试关系，以确保其按预期作用。

任务 2　渐开线齿轮的结构与参数

在机械手表中，从发条动力源到表针的转动主要是依靠齿轮传递的，齿轮的传递效率直接影响到机械手表的走时准确性等。齿轮传动按照齿轮齿廓曲线的形状，可分为渐开线齿轮传动、圆弧齿轮传动、摆线齿轮传动等。机械手表中的齿轮传动主要是渐开线齿轮传动。

1.渐开线的几何分析

渐开线是由一条线段绕齿轮基圆旋转形成的曲线。渐开线的几何分析如图 3-11

所示。线段 s 绕圆弧旋转,其一端点 A 划过的一条轨迹即渐开线。图中点 (x_1, y_1) 的坐标为 $x_1 = r\cos\alpha$,$y_1 = r\sin\alpha$。

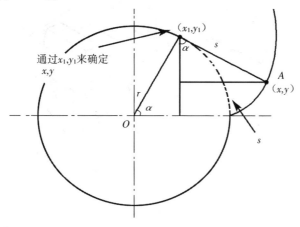

图 3-11 渐开线的几何分析

2.直齿圆柱齿轮各部分的名称和代号

下面以直齿圆柱齿轮为例来介绍渐开线齿轮。如图 3-12 所示为直齿圆柱齿轮各部分的名称。齿轮上每个凸起的部分称为齿,相邻两齿之间的空间称为齿槽。

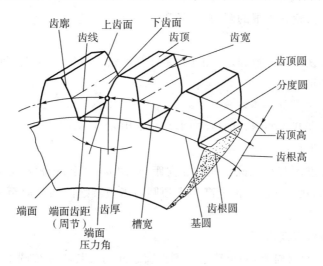

图 3-12 直齿圆柱齿轮各部分的名称

如图 3-13 所示为直齿圆柱齿轮各部分的代号。

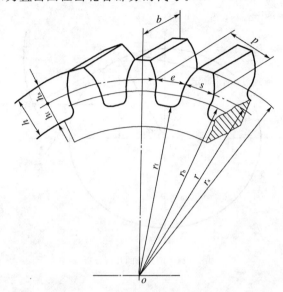

图 3-13   直齿圆柱齿轮各部分的代号

（1）齿顶圆

齿顶圆为过齿轮各齿顶圆，其直径和半径分别用 d_a 和 r_a 表示。

（2）齿根圆

齿根圆为过齿轮各齿根的圆，其直径和半径分别用 d_f 和 r_f 表示。

（3）分度圆

分度圆为齿顶圆和齿根圆之间的圆，是计算齿轮几何尺寸的基准圆，其直径和半径分别用 d 和 r 表示。

（4）基圆

基圆为形成渐开线的圆，其直径和半径分别用 d_b 和 r_b 表示。

（5）齿顶高、齿根高及齿全高

齿顶高为分度圆与齿顶圆之间的径向距离，用 h_a 表示；齿根高为分度圆与齿根圆之间的径向距离，用 h_f 表示；齿全高为齿顶圆与齿根圆之间的径向距离，用 h 表示，显然 $h=h_a+h_f$。

（6）齿厚、齿槽宽及齿距

在半径为 r_k 的圆周上，一个轮齿两侧齿廓之间的弧长称为该圆上的齿厚，用 s_k 表示；在此圆周上，一个齿槽两侧齿廓之间的弧长称为该圆上的齿槽宽，用 e_k 表示；此圆周上相邻两齿同侧齿廓之间的弧长称为该圆上的齿距，用 p_k 表示，显然 $p_k=s_k+e_k$。分度圆上的齿厚、齿槽宽及齿距依次用 s、e 及 p 表示，$p=s+e$。基圆上的齿距又称为基节，用 p_b 表示。

3.直齿圆柱齿轮的基本参数

(1)齿数 z

齿数为在齿轮整个圆周上轮齿的总数。

(2)模数 m

分度圆的周长 $=\pi d=zp$，则有 $d=\dfrac{pz}{\pi}$。由于 π 是无理数，所以给齿轮的设计、制造及检测带来了不便。为此，人为地将比值 $\dfrac{p}{\pi}$ 取为一些简单的有理数，并称为模数，用 m 表示，单位是 mm，则 $d=mz$，$p=\pi m$。

我国已制定了模数的国家标准，见表 3-1。

表 3-1   模数

第一系列	0.1	0.12	0.15	0.2	0.25	0.3	0.4	0.5	0.6	0.8	1
	1.25	1.5	2	2.5	3	4	5	6	8	10	12
	16	20	25	32	40	50					
第二系列	0.35	0.7	0.9	1.75	2.25	2.75	(3.25)	3.5	(3.75)	4.5	5.5
	(6.5)	7	9	(11)	14	18	22	28	(30)	36	45

注:1.优先选用第一系列,括号内的模数尽可能不用。

2.对斜齿轮,本表所列为法面模数。

模数 m 是决定齿轮尺寸的一个基本参数。齿数相同的齿轮,模数越大,其尺寸也越大,如图 3-14 所示。

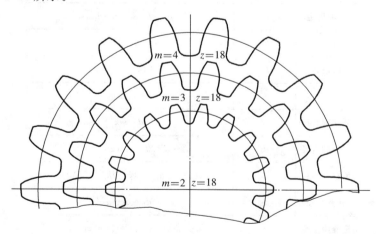

图 3-14　不同模数齿轮比较

(3)分度圆压力角 α

齿轮轮齿齿廓在齿轮各圆上具有不同的压力角,我国规定分度圆压力角 α 的标准值一般为 20°。此外，在某些场合也采用 α 为 14.5°、15°、22.5°或 25°等的齿轮。

至此，可以给分度圆下一个完整的定义：分度圆就是齿轮上具有标准模数和标准压力角的圆。

(4)齿顶高系数 h_a^* 和顶隙系数 c^*

齿顶高和齿根高的计算公式分别为

$$h_a = m h_a^*$$
$$h_f = (m h_a^* + c^*)$$

式中，h_a^* 和 c^* 分别称为齿顶高系数和顶隙系数。

(5)标准直齿圆柱齿轮几何尺寸的计算

基本参数取标准值，具有标准的齿顶高和齿根高，分度圆齿厚等于齿槽宽的直齿圆柱齿轮称为标准齿轮。不能同时具备上述特征的齿轮都是非标准齿轮。

标准直齿圆柱齿轮几何尺寸的计算公式见表 3-2。

表 3-2　　　标准直齿圆柱齿轮几何尺寸的计算公式

名　称	代　号	计算公式
齿形角	α	标准齿轮为 20°
齿数	z	通过传动比计算确定
模数	m	通过计算或结构设计确定
齿厚	s	$s = \dfrac{p}{2} = \dfrac{\pi m}{2}$
齿槽宽	e	$e = \dfrac{p}{2} = \dfrac{\pi m}{2}$
齿距	p	$p = \pi m$
基圆齿距	p_b	$p_b = p\cos\alpha = \pi m \cos\alpha$
齿顶高	h_a	$h_a = h_a^* m = m$
齿根高	h_f	$h_f = (h_a^* + c^*)m$
齿高	h	$h = h_a + h_f$
分度圆直径	d	$d = mz$
齿顶圆直径	d_a	$d_a = d + 2h_a = m(z + 2h_a^*)m$
齿根圆直径	d_f	$d_f = d - h_f = m(z - 2h_a^* - 2c^*)m$
基圆直径	d_b	$d_b = d\cos\alpha$
标准中心距	a	$a = \dfrac{1}{2}(d_1 + d_2) = \dfrac{1}{2}m(z_1 + z_2)$

4.直齿圆柱齿轮啮合的条件

（1）正确啮合条件

直齿圆柱齿轮正确啮合的条件是：两齿轮的模数和压力角分别相等，如图 3-15 所示。

（2）连续传动条件

直齿圆柱齿轮连续传动的条件是：前一对轮齿尚未结束啮合，后继的一对轮齿已进入啮合状态。

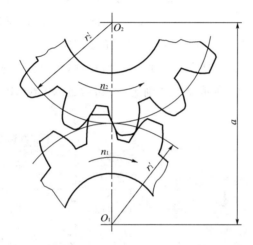

图 3-15 直齿圆柱齿轮啮合的条件

注意：单个齿轮有固定的分度圆和分度圆压力角，而无节圆和啮合角。只有一对齿轮啮合时，才有节圆和啮合角。

5.在 Creo Parametric 软件中的渐开线相关知识

对于 Creo Parametric 关系式，系统存在一个变量 t，t 的变化范围是 0～1。从而可以通过（x1,y1）建立（x,y）的坐标，即渐开线的方程。

$$ang = t * 90$$

$$s = (PI * r * t)/2$$

$$x1 = r * \cos(ang)$$

$$y1 = r * \sin(ang)$$

$$x = x1 + (s * \sin(ang))$$

$$y = y1 - (s * \cos(ang))$$

$$z = 0$$

以上为定义在 Oxy 平面上的渐开线方程,可通过修改(x,y,z)坐标关系来定义在其他面上的方程,在此不再重复。

任务3 机械手表齿轮的三维实体创建

1.新建零件

启动 Creo Parametric 程序后,在主菜单上单击"文件"→"新建",在弹出的"新建"对话框中的"类型"选项组中选择"零件"选项,如图 3-16 所示,在"子类型"选项组中选择"实体"选项,同时取消"使用默认模版"选项的选中状态,表示不采用系统的默认模版,单击"确定"按钮后,系统弹出"新文件选项"对话框,在"模版"选项组中选择"mmns_part_solid"选项,如图 3-17 所示,单击"确定"按钮后进入 Creo Parametric 系统的零件模块。

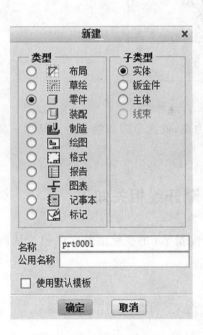

图 3-16 "新建"对话框

图 3-17 "新文件选项"对话框

2.设置全局参数和关系

(1)在主菜单上单击"工具"→"参数",如图 3-18 所示。

图 3-18　创建参数

(2)在"参数"对话框内单击 ✚ 按钮,可以看到"参数"对话框增加了一行,依次输入新参数的名称、值和说明。需要输入的参数见表 3-3。

表 3-3　　　　　　　　　需要输入的参数

名称	值	说明	名称	值	说明
M	0.1	模数	HAX	1	齿顶高系数
Z	60	齿数	CX	0.25	顶隙系数
ALPHA	20	压力角			

输入完成后的"参数"对话框如图 3-19 所示。

图 3-19　"参数"对话框

注意:"参数"对话框中未填的参数值是由系统通过关系式将自动生成的尺寸,用户无须指定。

(3)在主菜单上单击"工具"→"关系",如图 3-20 所示,系统弹出"关系"对话框。

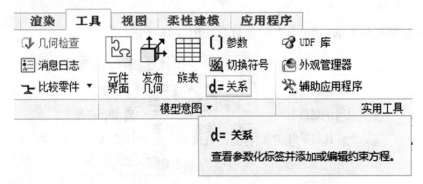

图 3-20   创建关系

(4)在"关系"对话框内输入齿轮的分度圆直径关系式、基圆直径关系式、齿根圆直径关系式和齿顶圆直径关系式。由这些关系式,系统便会自动生成图 3-19 中所示的未指定参数的值。输入的关系式如下:

$$d = m * z$$
$$da = m * (z + 2 * hax)$$
$$db = d * cos(alpha)$$
$$df = m * (z - 2 * hax - 2 * cx)$$

输入完成后的"关系"对话框如图 3-21 所示。

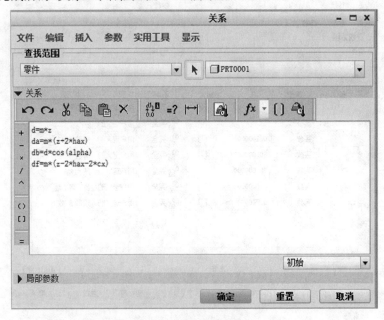

图 3-21   "关系"对话框

3.创建齿轮基本圆

(1)在工具栏内单击 按钮,系统弹出"草绘"对话框。

(2)选择"FRONT"面作为草绘平面,选取"RIGHT"面作为参考平面,参考方向为"左",如图 3-22 所示。单击"草绘"按钮,进入草绘环境。

图 3-22　"草绘"对话框

(3)在绘图区以系统提供的原点为圆心,绘制一个任意大小的圆,并且标注圆的直径尺寸。在工具栏内单击 按钮,完成草图的绘制。

(4)在模型中用鼠标右键单击刚刚创建的草图,在弹出的快捷菜单中单击选取"编辑"。

(5)在主菜单上依次单击"工具"→"关系",系统弹出"关系"对话框。

(6)在"关系"对话框中输入关系式如下:

$$sd0 = d$$
$$sd1 = da$$
$$sd2 = df$$
$$sd3 = db$$

(7)输入完成后的"关系"对话框如图 3-23 所示。

(8)完成后的齿轮基本圆如图 3-24 所示。

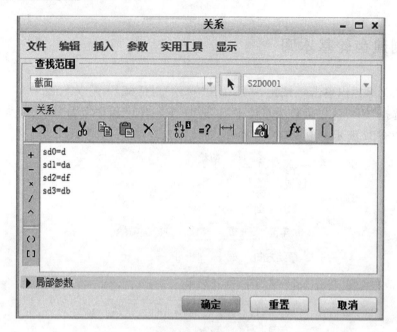

图 3-23 "关系"对话框

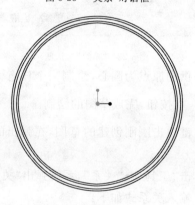

图 3-24 完成后的齿轮基本圆

4.创建渐开线

(1)在主菜单上单击"模型"→"基准"→"曲线"→"来自方程的曲线",使用方程创建渐开线,如图 3-25 所示。

图 3-25 "模型"菜单

(2)弹出"曲线:从方程"菜单,如图 3-26 所示。

图 3-26 "曲线:从方程"菜单

(2)在"曲线:从方程"菜单中选择坐标系,如图 3-27 所示。在 Creo Parametric 软件中可以创建笛卡尔坐标系、球坐标系、柱坐标系三种,在这里我们选择"笛卡尔",再选择"参考"选项,如图 3-28 所示,在绘图区单击选取系统坐标系为曲线的坐标系。

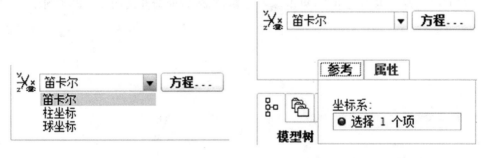

图 3-27 选择坐标系   图 3-28 设置坐标系类型

(4)在"曲线:从方程"菜单中单击"方程"按钮,系统弹出一个记事本窗口。

(5)在弹出的记事本窗口中输入曲线的方程如下:

$$ang = 90 * t$$

$$r = db/2$$

$$s = PI * r * t/2$$

$$xc = r * \cos(ang)$$

$$yc = r * sin(ang)$$
$$x = xc + s * sin(ang)$$
$$y = yc - s * cos(ang)$$
$$z = 0$$

(6)输入完成后的"方程"对话框如图 3-29 所示。

图 3-29 "方程"对话框

(7)保存数据,退出记事本,单击 ✔ 按钮,完成后的渐开线如图 3-30 所示。

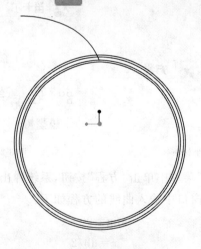

图 3-30 完成后的渐开线

5.镜像渐开线

(1)在主菜单上单击"模型"→"点"→"点",如图 3-31 所示,系统弹出"基准点"对话框。

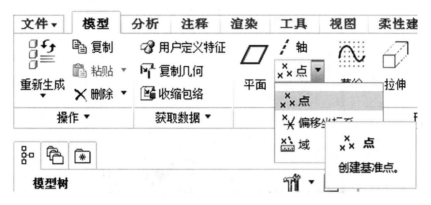

图 3-31　创建点

(2)单击分度圆曲线作为参照,按住键盘上的"Ctrl"键,单击渐开线曲线作为参照,如图 3-32 所示。在"基准点"对话框内单击"确定"按钮,完成基准点"PNTO"的创建,如图3-33所示。

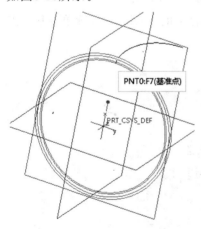

图 3-32　选取参照曲线

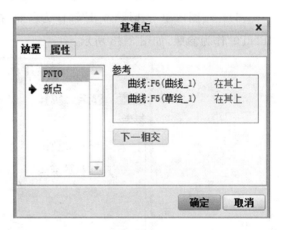

图 3-33　"基准点"对话框

(3)在主菜单上单击"模型"→"轴",系统弹出"基准轴"对话框,如图 3-34 所示。

图 3-34 "A_1"轴的创建

(4)在绘图区单击选取 z 轴,在"基准轴"对话框内单击"确定"按钮,完成轴"A_1"的创建。

(5)在主菜单上单击"模型"→"平面",系统弹出"基准平面"对话框。

(6)在绘图区单击选取"A_1"轴作为参照,按住键盘上的"Ctrl"键,继续单击基准点"PNT0"作为参照,如图 3-35 所示。

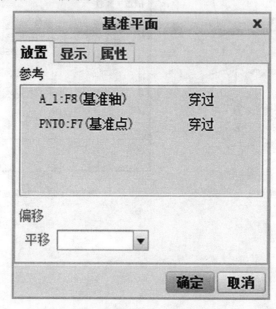

图 3-35 "DTM1"面的创建

(7)在主菜单上单击"模型"→"平面",单击"剖面",如图 3-36 所示。

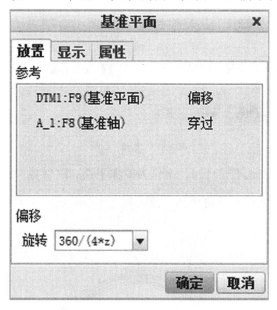

图 3-36 "DTM2"面的创建

(8)在绘图区单击选取"DTM1"面作为参考平面,再按住键盘上的"Ctrl"键选取 "A_1"轴作为参考。在"偏移"文本框内输入旋转角度为"360/(4 * z)",系统提示是否 要添加特征关系,单击"是"按钮,如图 3-37 所示。

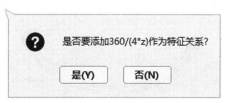

图 3-37 添加特征关系

(9)在绘图区选中渐开线特征,在主菜单上单击"编辑"→"镜像",如图 3-38 所示。

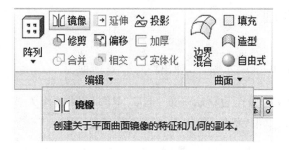

图 3-38 创建镜像

（10）系统弹出"镜像"菜单，如图 3-39 所示。

图 3-39 "镜像"菜单

（11）在绘图区单击选取"DTM2"面作为镜像平面，在"镜像"菜单中单击 ✔ 按钮，完成渐开线的镜像。完成后的镜像渐开线如图 3-40 所示。

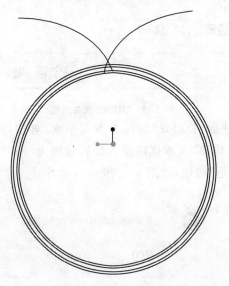

图 3-40 完成后的镜像渐开线

6.创建齿根圆

（1）在工具栏中单击 按钮，弹出"草绘"对话框。

（2）选择"FRONT"面作为草绘平面，选取"RIGHT"面作为参考平面，参考方向为"顶"，如 3-41 所示。单击"草绘"按钮进入草绘环境。

图 3-41 草绘设置

(3)在工具栏内单击 按钮,在绘图区单击选取齿根圆曲线,如图 3-42 所示。在工具栏内单击 按钮,完成草图的绘制。

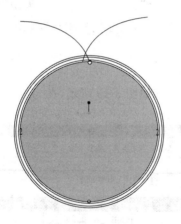

图 3-42 选取齿根圆曲线

(4)在"拉伸"特征编辑界面内单击"实体"按钮、"拉伸到指定深度"按钮,在拉伸深度文本框内输入深度值为"B"。回车后系统提示是否添加特征关系,单击"是"按钮,如图 3-43 所示。

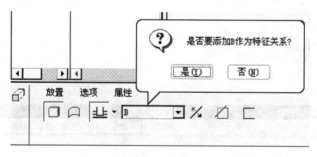

图 3-43 添加特征关系

（5）拉伸深度自动调整到用户设置的参数 B 的值，在"拉伸"特征编辑界面内单击
✓ 按钮，完成齿根圆的创建。完成后的齿根圆如图 3-44 所示。

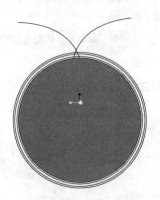

图 3-44 完成后的齿根圆

（6）将关系式添加到"关系"对话框，在模型树中用鼠标右键单击齿根圆特征，在弹
出的快捷菜单中单击"编辑"。

（7）在主菜单上单击"工具"→"关系"，系统弹出"关系"对话框。此时系统显示齿根
圆厚度尺寸代号。单击该尺寸代号，尺寸代号将自动显示在"关系"对话框中，输入的关
系式如下：

$$D7 = b$$

输入完成后的"关系"对话框如图 3-45 所示，在"关系"对话框内单击"确定"按钮完
成添加关系式。

图 3-45 "关系"对话框

7.创建齿形

(1)在工具栏中单击  按钮,弹出"草绘"定义对话框。

(2)选择"FRONT"面作为草绘平面,选取"TOP"面作为参考平面,参考方向为"右",如图3-46所示。单击"草绘"按钮进入草绘环境。

图3-46 草绘设置

(3)绘制如图3-47所示的二维草图,在工具栏内单击 ✔ 按钮,完成草图的绘制。

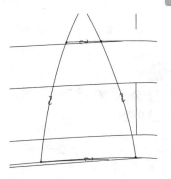

图3-47 草绘图形

(4)在"拉伸"特征编辑界面内单击"实体"按钮、"拉伸到指定深度"按钮,在拉伸深度文本框内输入深度值为B,如图3-48所示。回车后系统提示是否添加特征关系,单击"是"按钮。

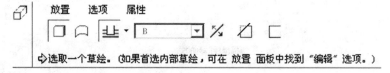

图3-48 拉伸设置

（5）拉伸深度自动调整到用户设置的参数 B 的值，在"拉伸"特征编辑界面内单击
按钮，完成齿形的创建。完成后的齿形如图 3-49 所示。

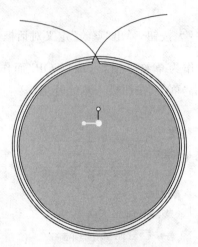

图 3-49　完成后的齿形

8.阵列齿形

（1）为阵列齿形，首先要选中一个齿形。

（2）在主菜单上单击"模型"→"阵列"→"阵列"，如图 3-50 所示。

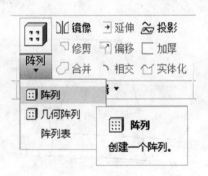

图 3-50　创建阵列

（3）在阵列选项中，共有"尺寸"、"方向"、"轴"、"填充"、"表"等八种类型，在这里选择"轴"类型，如图 3-51 所示。

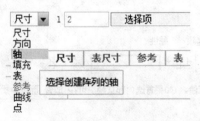

图 3-51　"阵列"特征编辑界面

(4)选中"轴"类型后,"阵列"特征编辑界面如图 3-52 所示。

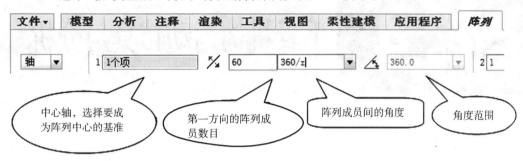

图 3-52　"阵列"特征编辑界面

(5)选择"A_1"轴作为旋转轴,系统提示是否要添加特征关系,单击"是"按钮。然后单击 ✔ 按钮完成轴阵列,如图 3-53 所示。完成后的阵列齿形如图 3-54 所示。

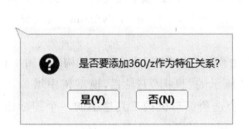

图 3-53　添加特征关系

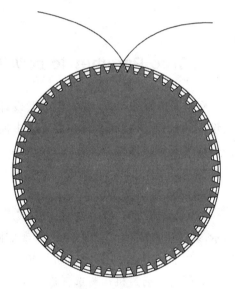

图 3-54　完成后的阵列齿形

项 **4** 目

手表机构运动仿真与分析

任务 1　机构基本术语与预定义连接设置

1.Creo Parametric 运动仿真简介

在进行机械设计时,建立模型后设计者往往需要通过虚拟的手段,在计算机上模拟所设计的机构,来达到在虚拟的环境中模拟现实机构运动的目的。对于提高设计效率、降低成本有很大的作用。在 Creo Parametric 软件中,"机构"模块是专门用来进行运动仿真和动态分析的模块,包括"design"(机械设计)和"Mechanism dynamics"(机械动态)两个方面的分析功能。

在装配环境下定义机构的连接方式后,单击主菜单上的"应用程序"→"机构",如图 4-1 所示,系统进入"机构"模块环境,呈现如图 4-2 所示的"机构"工具栏,模型树中增加了"机构"内容,如图 4-3 所示。机构树中的每一个选项都与机构工具栏中的一个图标相对应。既可以通过机构树选择进行相关操作,也可以直接单击工具栏图标进行操作。

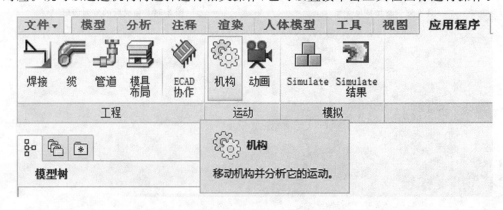

图 4-1　"应用程序"菜单

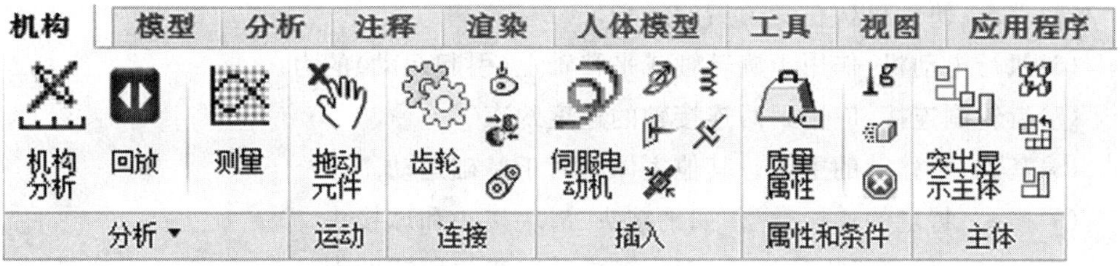

机构
模型
分析
注释
渲染
人体模型
工具
视图
应用程序
机构分析
回放
测量
拖动元件
齿轮
伺服电动机
质量属性
突出显示主体
分析
运动
连接
插入
属性和条件
主体

图 4-2　“机构”工具栏

机构树
机械
主体
重心
连接
电动机
弹簧
阻尼器
衬套载荷
力/扭距
初始条件
终止条件
分析
回放

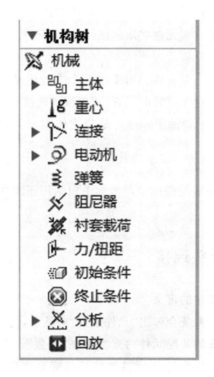

图 4-3　机构树

2.“Mechanism dynamics”模块基本术语

(1)主体:一个元件或彼此无相对运动的一组元件,主体内 DOF(自由度)=0。主体分为基础主体和一般主体。基础主体是机构中不运动的主体。它是由一组完全被约束的零件构成,在组内没有自由度。基础主体中既可以包括一个零件,也可以包括多个零件或子组件。如果对原件的约束不足,则它将不会置于基础主体中,而被视为一个新主体。相对于基础主体运动的主体为一般主体。

(2)连接:定义并约束相对运动的主体之间的关系。

(3)自由度:允许的机械系统运动。连接的作用是约束主体之间的相对运动,减少系统可能的总自由度。

(4)拖动:在屏幕上用鼠标拾取并移动机构。

(5)动态:研究机构在受力后的运动。

(6)执行电动机:作用于旋转轴或平移轴上(引起运动)的力。

(7)齿轮副连接:应用到两连接轴的速度约束。

(8)基础:不移动的主体。其他主体相对于基础运动。

(9)接头:特定的连接类型,如销接头、滑块接头和球接头。

(10)运动:研究机构的运动,而不考虑移动机构所需的力。

(11)环连接:添加到运动环中的最后一个连接。

(12)运动:主体受电动机或载荷作用时的移动方式。

(13)放置约束:组件中放置元件并限制该元件在组件中运动的图元。

(14)回放:记录并重放分析运行的结果。

(15)伺服电动机:定义一个主体相对于另一个主体运动的方式。可在接头或几何图元上放置电动机,并可指定主体间的位置、速度或加速度运动。

(16)LCS:与主体相关的局部坐标系。是与主体中定义的第一个零件相关的缺省坐标系。

(17)UCS:用户坐标系。

(18)WCS:全局坐标系。组件的全局坐标系包括用于组件及该组件内所有主体的全局坐标系。

3.约束连接与接头连接

(1)约束连接与接头连接的定义

向组件中增加元件时,系统会弹出"元件放置"对话框,此对话框有三个选项卡:"放置"、"移动"、"连接"。传统的装配元件的方法是在"放置"选项卡中给元件加入各种固定约束,将元件的自由度减少到 0,因元件的位置被完全固定,这样装配的元件不能用于运动分析(基体除外)。另一种装配元件的方法是在"连接"选项卡中给元件加入各种组合约束,如"销"、"圆性"、"刚性"、"球"、"6DOF"等,使用这些组合约束装配的元件因自由度没有完全消除(刚性、焊接、常规除外),元件可以自由移动或旋转。传统的装配元件的方法称为约束连接,另一种装配元件的方法称为接头连接。

约束连接与接头连接的相同点:都使用 Pro/ENGINEER 的约束来放置元件,组件与子组件的关系相同。约束连接与接头连接的不同点:约束连接使用 1 个或多个单约束来完全消除元件的自由度;接头连接使用 1 个或多个组合约束来约束元件的位置。约束连接装配的目的是消除所有自由度,元件被完整定位,接头连接装配的目的是获得特定的运动,元件通常还具有 1 个或多个自由度。

(2)接头连接的类型

接头连接所用的约束都是能实现特定运动(含固定)的组合约束,包括刚性、销、滑块、圆柱、平面、球、焊缝、轴承、常规、6DOF、万向、槽,共 12 种。如图 4-4 所示。

图 4-4　12 种类型的约束

（1）刚性约束

使用 1 个或多个基本约束,将元件与组件连接到一起。连接后,元件与组件成为一个主体,相互之间不再有自由度,如果刚性连接没有将自由度完全消除,则元件将在当前位置被"黏"在组件上。如果将一个子组件与组件用刚性连接,子组件内各零件也将一起被"黏"住,其原有自由度不起作用。总自由度为 0。

（2）销约束

由 1 个轴对齐约束和 1 个与轴垂直的平移约束组成。元件可以绕轴旋转,具有 1 个旋转自由度,总自由度为 1。轴对齐约束可选择直边或轴线或圆柱面,可反向。平移约束可以是两个点对齐,也可以是两个平面的对齐/配对,平面对齐/配对时,可以设置偏移量。销约束如图 4-5 所示。

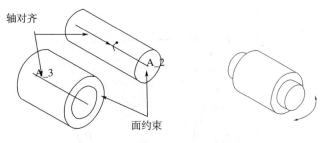

图 4-5　销约束

（3）滑块约束

由 1 个轴对齐约束和 1 个旋转约束（实际上就是 1 个与轴平行的平移约束）组成。元件可滑轴平移,具有 1 个平移自由度,总自由度为 1。轴对齐约束可选择直边或轴线或圆柱面,可反向。旋转约束选择两个平面,偏移量根据元件所处位置自动计算,可反向。滑块约束如图 4-6 所示。

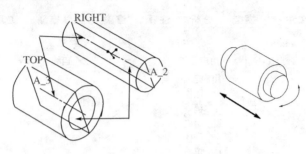

图 4-6　滑块约束

（4）圆柱约束

由 1 个轴对齐约束组成。比销约束少了 1 个平移约束，因此元件可在绕轴旋转同时沿轴向平移，具有 1 个旋转自由度和 1 个平移自由度，总自由度为 2。轴对齐约束可选择直边或轴线或圆柱面，可反向。圆柱约束如图 4-7 所示。

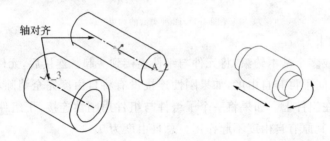

图 4-7　圆柱约束

（5）平面约束

由 1 个平面约束组成，也就是确定了元件上某平面与组件上某平面之间的距离（或重合）。元件可绕垂直于平面的轴旋转并在平行于平面的两个方向上平移，具有 1 个旋转自由度和 2 个平移自由度，总自由度为 3。可指定偏移量，可反向。平面约束如图 4-8 所示。

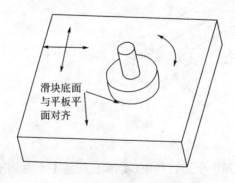

图 4-8　平面约束

（6）球约束

由 1 个点对齐约束组成。元件上的一个点对齐到组件上的一个点，比轴承连接少了 1 个平移自由度，可以绕着对齐点任意旋转，具有 3 个旋转自由度，总自由度为 3。球约束如图 4-9 所示。

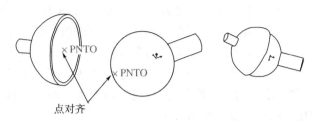

图 4-9 球约束

（7）焊缝约束

两个坐标系对齐，元件自由度被完全消除。连接后，元件与组件成为一个主体，相互之间不再有自由度。如果将一个子组件与组件用焊缝连接，子组件内各零件将参照组件坐标系发挥其原有自由度的作用。总自由度为 0。

刚性约束和焊缝约束的比较：

①刚性约束允许将任何有效的组件约束聚合到一个约束类型。这些约束可以是使装配元件得以固定的完全约束集或部分约束子集。

②焊缝约束的作用方式与其他约束类型类似，但零件或子组件的放置是通过对齐坐标系来固定的。

③当装配包含连接的元件且同一主体需要多个连接时，可使用焊缝约束。焊缝约束允许根据开放的自由度调整元件以与主组件匹配。

④如果使用刚性约束将带有"design"连接的子组件装配到主组件，子组件连接将不能运动。如果使用焊缝约束将带有"design"连接的子组件装配到主组件，子组件将参照与主组件相同的坐标系，且其子组件的运动将始终处于活动状态。

（8）轴承约束

由 1 个点对齐约束组成。它与机械上的轴承不同，它是元件（或组件）上的一个点对齐到组件（或元件）上的一条直边或轴线上，因此元件可沿轴线平移并任意方向旋转，具有 1 个平移自由度和 3 个旋转自由度，总自由度为 4。

（9）常规约束

也就是自定义组合约束，可根据需要指定一个或多个基本约束来形成一个新的组合约束，其自由度的多少因所用的基本约束种类及数量不同而不同。可用的基本约束有：匹配、对齐、插入、坐标系、线上点、曲面上的点、曲面上的边，共 7 种。在定义的时候，可根据需要选择一种，也可先不选取类型，直接选取要使用的对象，此时类型显示为"自动"，然后根据所选择的对象系统自动确定一个合适的基本约束类型。

①常规—匹配/对齐：单一的匹配/对齐构成的自定义组合约束转换为约束连接后，变为只有一个匹配/对齐约束的不完整约束，再转换为接头约束后变为平面约束。这两

个约束用来确定两个平面的相对位置,可设定偏距值,也可反向。定义完后,在不修改对象的情况下可更改类型(匹配)。

②常规—插入:选取对象为两个柱面。单一的插入构成的自定义组合约束转换为约束连接后,变为只有一个插入约束的不完整约束,再转换为接头约束后变为圆柱约束。

③常规—坐标系:选取对象为两个坐标系,与6DOF的坐标系约束不同,此坐标系将元件完全定位,消除了所有自由度。单一的坐标系构成的自定义组合约束转换为约束连接后,变为只有一个坐标系约束的完整约束,再转换为接头约束后变为焊缝约束。

④常规—线上点:选取对象为一个点和一条直线或轴线。与轴承约束等效。单一的线上点构成的自定义组合约束转换为约束连接后,变为只有一个线上点约束的不完整约束,再转换为接头约束后变为轴承约束。

⑤常规—曲面上的点:选取对象为一个平面和一个点。单一的曲面上的点构成的自定义组合约束转换为约束连接后,变为只有一个曲面上的点约束的不完整约束,再转换为接头约束后仍为单一的曲面上的点构成的自定义组合约束。

⑥常规—曲面上的边:选取对象为一个平面/柱面和一条直边。单一的曲面上的点构成的自定义组合约束不能转换为约束连接。

(10)6DOF

即6个自由度,也就是对元件不做任何约束,仅用一个元件坐标系和一个组件坐标系重合来使元件与组件发生关联。元件可任意旋转和平移,具有3个旋转自由度和3个平移自由度,总自由度为6。

4.构件形态调整方式

在连接机构时,常常会出现位置放置不合理现象,使得连接设置无法快速定位,当元件的放置状态不是"完全约束"时,可通过手动的方式来直接移动或转动元件到一个比较恰当的位置。该过程主要是通过"元件放置"对话框中的"移动"选项卡来完成,如图4-10所示。

图4-10 移动方式

(1)运动类型

①定向模式:用来对元件进行定向。在工作区中单击,鼠标指针变为 🐾 ,按住鼠标中键进行拖动,即可对元件进行定向。可相对于特定几何重定向视图,并可更改视图重定向样式,可以提供除标准的旋转、平移、缩放之外的更多查看功能。

②平移:在视图平面内或沿着所选参照平移元件。在工作区中单击鼠标左键并移动,元件跟随鼠标指针一起移动,再次单击鼠标左键可将元件固定到当前位置

③旋转:在视图平面内或绕所选参照旋转元件。在工作区中单击鼠标左键并移动,元件会围绕单击位置或参照进行旋转,再次单击鼠标左键,可将元件固定。

④调整:可以根据后面的运动参照类型,选择元件上的曲面调整到参照面、边、坐标系等。

(2)在视图平面中相对

选择该选项,表示相对于视图平面移动或旋转元件。此选项为系统默认选项。

(3)运动参照

选择需要参照的类型。选择该选项,表示相对于选定的参照移动或旋转元件,需要选取参照。

5.冗余约束

在空间里,要完全约束住一个主体,需要将 3 个独立移动和 3 个独立转动分别约束住,如果把一个主体的这 6 个自由度都约束住了,再另加 1 个约束去限制它沿 x 轴的平移,这个约束就是冗余约束。合理的冗余约束可用来分摊主体各部分受到的力,使主体受力均匀或减小摩擦、补偿误差,延长设备使用寿命。

冗余约束对主体的力状态产生影响,而对主体的运动状态没有影响。因运动分析只分析主体的运动状况,不分析主体的力状态,在运动分析时,可不考虑冗余约束的作用;而在涉及力状态的分析里,必须要适当地处理好冗余约束,以得到正确的分析结果。系统在每次运行分析时,都会对自由度进行计算,并可创建一个测量来计算机构有多少自由度、多少冗余。

任务 2   拖动、快照与伺服电动机的建立

1.拖动和快照的建立

拖动是指在允许的范围内移动机械。快照是指对机械的某一特殊状态的记录。可以使用拖动调整机构中各零件的具体位置,初步检查机构的装配与运动情况,并可将其

保存为快照。快照可用于后续的分析定义中,也可用于绘制工程图。

　　单击工具栏上的"机构"→"拖动",系统弹出"拖动"对话框,此对话框上有"快照"和"约束"两个选项卡,如图 4-11 所示。对话框上的 $\boxed{\text{🖐}}$ 按钮为"点拖动",即点取机构上的一个点,移动鼠标以改变元件的位置;🖐 按钮为"主体拖动",即选取一个主体,移动鼠标以改变元件的位置。

　　"快照"选项卡和"约束"选项卡上各有一个列表,显示当前已经定义的快照和为当前拖动定义的临时约束。

　　如图 4-11 所示,"快照"列表左侧有一列工具按钮:👓 为显示当前快照,即将屏幕显示刷新为选定快照的内容;✏ 为从其他快照中把某些元件的位置提取入选定快照;

🔼 为刷新选定快照,即将选定快照的内容更新为屏幕上的状态;📷 为绘图可用,使选定快照可被当作分解状态使用,从而在绘图中使用,这是一个开关型按钮,当快照可用于绘图时,列表中的快照名前会有一个图标;✖ 为删除选定快照。

　　"约束"列表显示已为当前拖动所定义的临时约束,这些临时约束只用于当前拖动操作,以进一步限制拖动时各主体之间的相对运动,如图 4-12 所示。

图 4-11　"拖动"对话框　　　　　　　　　　图 4-12　"约束"选项卡

2.运动分析

(1)运动分析的定义

运动分析指在满足伺服电动机轮廓和接头连接、凸轮从动机构、槽从动机构或齿轮副连接的要求的情况下,模拟机构的运动。运动分析不考虑受力,它模拟除质量和力之外的运动的所有方面。因此,运动分析不能使用执行电动机,也不必为机构指定质量属性。运动分析忽略模型中的所有动态图元,如弹簧、阻尼器、重力、力/力矩以及执行电动机等,所有动态图元都不影响运动分析结果。如果伺服电动机具有不连续轮廓,在运行运动分析前软件会尝试使其轮廓连续,如果不能使其轮廓连续,则此伺服电动机将不能用于分析。

使用运动分析可获得以下信息:几何图元和连接的位置、速度以及加速度,元件间的干涉,机构运动的轨迹曲线,作为 Pro/ENGINEER 零件捕获机构运动的运动包络。

(2)重复组件分析

Pro/ENGINEER 软件 WF 2.0 以前版本里的运动分析在 WF 2.0 里被称为重复组件分析。它与运动分析类似,所有适用于运动分析的要求及设定都可用于重复组件分析,所有不适于运动分析的因素也都不适用于重复组件分析。重复组件分析的输出结果比运动分析少,不能分析速度、加速度,不能做机构的运动包络。使用重复组件分析可获得以下信息:几何图元和连接的位置、元件间的干涉、机构运动的轨迹曲线。

(3)运动分析工作流程

①创建模型:定义主体,生成连接,定义连接轴设置,生成特殊连接。

②检查模型:拖动组件,检验所定义的连接是否能产生预期的运动。

③加入运动分析图元:设定伺服电动机。

④准备分析:定义初始位置及其快照,创建测量。

⑤分析模型:定义运动分析,运行。

⑥结果获得:结果回放,干涉检查,查看测量结果,创建轨迹曲线,创建运动包络。

3.基础与重定义主体

(1)基础

基础是在运动分析中被设定为不参与运动的主体。

创建新组件时,装配(或创建)的第一个元件自动成为基础。元件使用约束连接与基础发生关系,则此元件也成为基础的一部分。如果机构不能以预期的方式移动,或者因两个零件在同一主体中而不能创建连接,就可以使用重定义主体来确认主体之间的约束关系及删除某些约束。

（2）机构连接检测

组件装配完毕后，可以进入"机构"环境，检查机构是否正确连接。

进入"机构"环境，单击主菜单栏上的"编辑"→"重新连接"，或单击工具栏中的 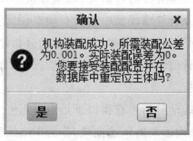 按钮，系统弹出"连接装配"对话框，如图 4-13 所示，然后单击 运行 按钮，检查装配的连接情况。若机构已连接正确，系统会弹出"确认"对话框，如图 4-14 所示，单击 按钮，确认检查结果。

图 4-13　"连接装配"对话框

图 4-14　"确认"对话框

（3）重定义主体

进入"机构"环境，单击主菜单栏上的"编辑"→"重定义主体"，系统弹出"重定义主体"对话框，如图 4-15 所示。选定一个主体，将在窗口里显示这个主体所受到的约束，可以选定一个约束，将其删除。如果删除所有约束，元件将被封装。

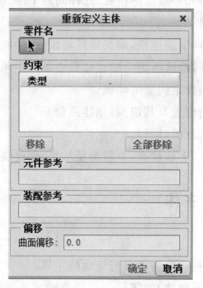

图 4-15　"重定义主体"对话框

4.伺服电动机的建立

电动机包括伺服电动机和执行电动机。伺服电动机可规定机构以特定的方式运动。伺服电动机引起在两个主体之间、单个自由度内的特定类型的运动,向模型中添加伺服电动机可以为运动分析做准备。使用执行电动机可向机构施加特定的载荷,从而在两个主体之间单个自由度内产生特定类型的载荷。创建伺服电动机如图 4-16 所示。

伺服电动机将位置、速度或加速度指定为时间的函数,并可控制平移或旋转运动。通过指定伺服电动机函数,如常数或线性函数,可以定义运动的轮廓。可从多个预定义的函数中选取,也可输入自设定的函数。可在一个图元上定义任意多个伺服电动机。如果非连续的伺服电动机轮廓选取或定义了位置或速度函数,在进行运动或动态分析时这个伺服电动机将被忽略。但是,可在重复组件分析中使用非连续伺服电动机轮廓。当用图形表示非连续伺服电动机时,系统将显示信息指示非连续的点。

伺服电动机分为两种:一种是连接轴伺服电动机,用于定义某一旋转轴的旋转运动;一种是几何伺服电动机,用于创建复杂的运动,如螺旋运动。

连接轴伺服电动机只需要选定一个事先由接头连接(如销)所定义的旋转轴,并设定方向即可。连接轴伺服电动机可用于运动分析。"伺服电动机定义"对话框如图4-17所示。

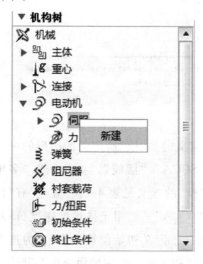

图 4-16 创建伺服电动机

图 4-17 "伺服电动机定义"对话框

几何伺服电动机需要选取从动件上的一个点/平面,并选取另一个主体上的一个点/平面作为运动的参照,并需确定运动的方向及种类。几何伺服电动机不能用于运动分析。

几何伺服电动机根据选取的对象分以下几种：从动"点"，参照"点"，平移；从动"点"，参照"平面"，旋转；从动"平面"，参照"平面"，旋转；从动"点"，参照"平面"，平移；从动"平面"，参照"平面"，平移。其中，前三种需要再选取一条直边来定义运动方向，后两种不需要。

伺服电动机轮廓即从动件的运动规律。对于平移，它是长度（单位：mm）对时间的函数；对于旋转，它是角度（单位：°）对时间的函数。

如图 4-18 所示，单击 ⊠ 按钮，将会以图形的方式显示出伺服电动机轮廓，如图 4-19 所示，其横轴是时间，其纵轴是位置、速度或加速度。

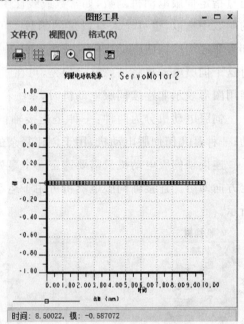

图 4-18　生成伺服电动机轮廓　　　　图 4-19　伺服电动机轮廓图形

图 4-18 中，"模"定义的是图形的形状，"规范"定义的是"模"所定义的图形的纵轴所代表的意义。"模"有"常量"、"斜坡"、"余弦"、"SCCA"、"摆线"、"抛物线"、"多项式"、"表"、"用户定义"九种，如图 4-20 所示，部分"模"的含义见表 4-1。"规范"有"位置"、"速度"、"加速度"三种，如图 4-18 所示。其中"SCCA"只能用于描述加速度（即对应的"规范"只能是加速度）。"规范"为位置时，无须自己定义初始位置；"规范"为速度时，需要定义"初始角"；"规范"为加速度时，需要定义"初始角"和"初始角速度"，默认位置为当前位置。

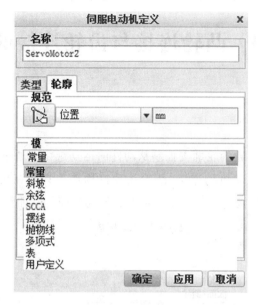

图 4-20　"模"的类型

表 4-1 　　　　　　　　　　部分"模"的含义

类　型	含　义	所需设置
常量	恒定轮廓	$q=A$（A 为常数）
线性	轮廓随时间做线性变化	$q=A+B*x$ （A 为常数，B 为斜率）
余弦	为电动机轮廓指定余弦曲线时	$q=A*\cos(360*x/T+B)+C$ （A 为幅值，B 为相位，C 为偏移量，T 为周期）
SCCA	用于模拟凸轮轮廓输出	略
摆线	用于模拟凸轮轮廓输出	$q=L*x/T-L*\sin(2*Pi*x/T)/2*Pi$ （L 为总高度，T 为周期）
抛物线	可用于模拟电动机的轨迹	$q=A*x+(1/2)*B*(x^2)$ （A 为线性系数，B 为二次项系数）
多项式	用于一般的电动机轮廓	$q=A+B*x+C*x^2+D*x^3$ （A 为常数项，B 为线性项系数，C 为二次项系数，D 为三次项系数）

单击图 4-18 中[图标]按钮，可进入"连接轴设置"对话框，对当前伺服电动机所用的连接轴进行设置。

任务3　凸轮连接与齿轮连接的建立

1.凸轮连接

凸轮连接就是用凸轮的轮廓去控制从动件的运动规律。通过在两个主体上指定曲面或曲线来定义凸轮从动机构连接,凸轮从动机构连接只能在机构环境中定义,如图4-21所示。创建凸轮连接前不必使用特定的凸轮几何(平面、曲线和曲面也可以)。

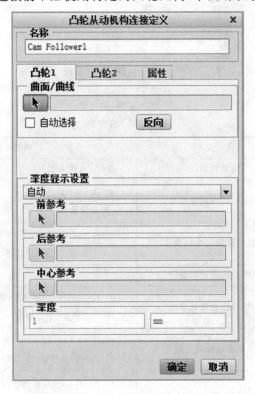

图 4-21　"凸轮从动机构连接定义"对话框

Pro/ENGINEER 软件里的凸轮连接使用的是平面凸轮。但为了形象,创建凸轮后,都会让凸轮显示出一定的厚度(深度)。凸轮连接只需要指定两个主体上的各一个(或一组)曲面或曲线就可以了。(1)"凸轮 1"和"凸轮 2"选项卡

①曲线/曲面:"凸轮 1"和"凸轮 2"分别是两个主体中任何一个,并非从动件就是"凸轮 2"。

如果选择曲面,可将"自动选择"复选框选上,这样,系统将自动把与所选曲面邻接

的曲面选中。如果不用"自动选取",则需要在选多个相邻曲面时按住键盘上的"Ctrl"键。如果选择曲线或边,"自动选择"是无效的。如果所选边是直边或基准曲线,则还要指定工作平面(即所定义的二维平面凸轮在哪一个平面上)。

凸轮一般是从动件沿凸轮件的表面运动,在 Pro/ENGINEER 软件里定义凸轮时,还要确定运动的实际接触面。选取了曲面或曲线后,将会出线一个箭头,这个箭头指示出所选曲面或曲线的法向,箭头指向哪侧,也就是运动时接触点将在哪侧。如果系统指示出的方向与想定义的方向不同,可反向。

②"深度显示设置":用来设置凸轮的深度。在机构设计中,一般认为创建的凸轮在延伸方向上无限深,如果选取凸轮的弯曲曲面,则将以适当的深度来显示。但如果选取凸轮的一个平面,则必须使用对话框中"深度显示设置"分组框的下拉列表中的选项来定义凸轮方向。如果为凸轮选取一条直边或直线,必须选取一个点、顶点、平面或基准平面域定义工作面,并可使用深度参照来更改凸轮的直观显示。

"深度显示设置"分组框的下拉列表中的选项如图 4-22 所示,其作用都是确定凸轮深度。

图 4-22　"深度显示设置"分组框的下拉列表中的选项

(2)"属性"选项卡

①升离:在拖动操作或运动运行过程中,用来指定凸轮从动机构连接中的两个主体是否保持接触。

如图 4-23 所示,勾选"启用升离"复选框,凸轮运转时,从动件可离开主动件。不使用此选项时,从动件始终与主动件接触。

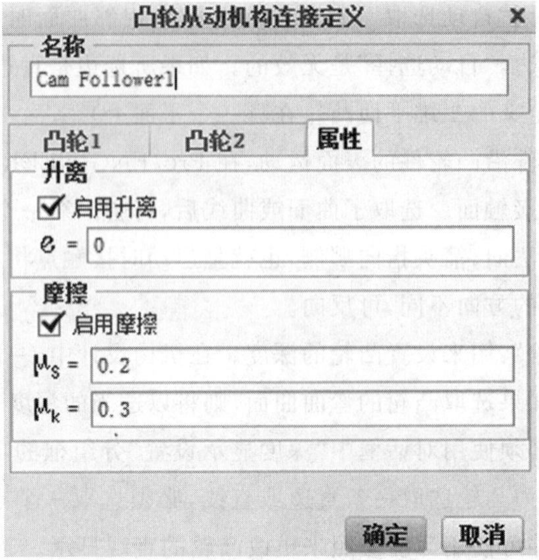

图 4-23　"属性"选项卡

启用升离后才能定义恢复系数,即"启用升离"复选框下方的"e"。恢复系数为两个图元碰撞前后的速度比。典型的恢复系数可从工程书籍或实际经验中得到,取决于材料属性、主体几何及碰撞速度等因素。对机构应用恢复系数可在刚体计算中模拟非刚性属性。例如,完全弹性碰撞的恢复系数为1;完全非弹性碰撞的恢复系数为0;橡皮球的恢复系数相对高,而湿泥土块的恢复系数值接近0。

在设计中,因为是二维凸轮,只要确定了凸轮轮廓和工作平面,这个凸轮的形状与位置也就算定义完整了。为了形象,系统会给这个二维凸轮显示出一定的厚度(深度)。通常不必去修改它,使用"自动"就可以了。也可自己定义这个显示深度,但对分析结果没有影响。

②摩擦:摩擦是由于两个表面之间的相互运动或相对运动而产生的,会导致能量损失。可添加摩擦来模拟这种损失。添加摩擦后,凸轮从动机构的运动即会受到阻碍。只有在允许升离的凸轮中,摩擦才可以用。摩擦因数取决于接触材料的类型以及试验条件,可在物理或工程手册中查找各种典型的摩擦因数。

要点提示:

①必须将摩擦应用到凸轮从动机构连接中,才能在力平衡分析中计算凸轮滑动测量。

②两个表面的静摩擦因数必定大于同样的两个表面的动摩擦因数。

③可在"拖动"操作中使用凸轮从动机构。

④凸轮定义为在拉伸方向上可无限延伸。

⑤凸轮从动机构连接不会防止凸轮倾斜。必须对某一个零件增加附加接头来防止倾斜。

⑥每一个凸轮只能有一个从动机构。如果要为一个具有多个从动机构的凸轮建模,必须为每一个新的连接副定义新的凸轮从动机构连接,必要时可为各连接的其中一

个凸轮选取相同的几何。

需要注意：

·所选曲面只能是单向弯曲曲面（如拉伸曲面），不能是多向弯曲曲面（如旋转出来的鼓形曲面）。

·所选曲面或曲线中，可以有平面和直边，但应避免在两个主体上同时出现。

·系统不会自动处理曲面（曲线）中的尖角、拐点或不连续，如果存在这样的问题，应在定义凸轮前适当处理。凸轮可定义"升离"、"恢复系数"与"摩擦"。

2. 齿轮连接

单击工具栏中的"齿轮"图标并新建，即可创建一个齿轮连接，进入"齿轮副定义"对话框，如图 4-24 所示。定义齿轮时，只需要选定由接头连接定义出来的与齿轮本体相关的那个旋转轴即可，系统自动将产生这根轴的两个主体设定为"小齿轮"（或"齿轮"、"齿条"）和"托架"。"托架"一般用来安装齿轮的主体，一般是静止的，如果系统选反了，可用 ![按钮] 按钮将"小齿轮"与"托架"主体交换。"齿轮 2"所用轴的旋转方向也是可以变更的。

图 4-24　"齿轮副定义"对话框

在"齿轮副定义"对话框的"齿轮 1"和"齿轮 2"选项卡中,都有一个输入节圆直径的地方,可以在定义齿轮时将齿轮的实际节圆直径输入这里。在"属性"选项卡中,如图4-25 所示,"传动比"有两种选择,一是"节圆直径",一是"用户定义的"。选择"节圆直径"时,D1、D2 由系统自动根据前两个选项卡中的数值计算出来,不可改动;选择"用户定义的"时,D1、D2 需要输入,此情况下,前两个选项卡中输入的节圆直径不起作用。

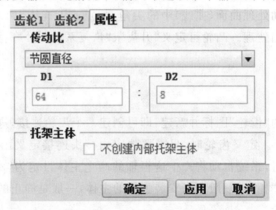

图 4-25　"属性"选项卡

定义齿轮后,每一个齿轮都生成一个图标,以显示这里定义了一个齿轮,一条虚线把两个图标的中心连起来。默认情况下,齿轮图标在所选连接轴的零点,图标位置也可自定义,点选一个点,图标将平移到那个点所在平面上。图标的位置只是一种视觉效果,不会对分析产生影响。

需要注意:

(1)Creo Parametric 软件中的齿轮连接,只需要指定一个旋转轴和节圆参数就可以了。因此,齿轮的具体形状可以不用做出来,即使是两个圆柱,也可以在它们之间定义一个齿轮连接。

(2)两个齿轮应使用公共的托架主体。

任务 4　机构运动仿真的模型分析

在建立了模型并设置好工作环境后,就可以对模型进行分析。模型分析是根据模型的工作状况和要获得的参数类型来进行,分析后从中获取结果和参数,也可以用图形、图的形式表示分析结果。主要包括位置、运动学、动态、静态力和力平衡五种类型。

1."分析定义"对话框的含义

通过向机构中添加建模图元,如电动机、力、扭矩和重力,可定义机构移动的方式。运动分析时,可定义"机构"用以计算机构响应的约束组合、建模图元、重力和摩擦力。

也可以创建多个分析定义,使用不同的电动机或力,锁定不同图元,对某个特定机构进行分析研究。

在主菜单上单击"分析"→"机构分析",弹出"分析定义"对话框,如图 4-26 所示。

(1)"名称"分组框

给定义的分析创建一个新名称。

(2)"类型"分组框

内容依据所选分析类型而改变,不同的分析需要使用不同类型。Creo Parametric 软件中,运动分析模块中有位置、运动学、动态、静态和力平衡五种分析类型,如图 4-27 所示。

图 4-26　"分析定义"对话框

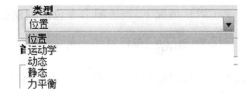

图 4-27　分析类型

(3)"首选项"选项卡

依据所选类型,"首选项"选项卡的内容有所不同。

①"图形显示"分组框:为分析指定时域,确定帧数、帧频和最小间隔时间。

"开始时间"下拉列表中包括长度和帧频、长度和帧数、帧频和帧数。

运动运行的长度、帧频、帧数和时间间隔的关系如下：

$$帧频＝1/时间间隔$$

$$帧数＝帧频×长度＋1$$

②"锁定的图元"分组框：

·要锁定主体,需要先单击 按钮选择先导主体,然后选取所有要和先导主体锁定在一起的主体。要将所有主体锁定到基础,可在系统要求选取先导主体时单击鼠标中键,两个锁定的主体将被增到到"锁定的图元"列表框中。

·要使主体彼此相对固定,可使用主体锁定约束。创建时,标签左侧的复选项被默认选中。如果不希望将此项目包括到当前分析中,则应清除该项。

·要锁定连接,需单击 按钮并选择要锁定的连接。要使某个连接在分析期间保持其当前配置,可使用该约束。

创建时,标签左侧的复选项被默认选中。如果清除该复选项,则在当前分析中将不包括锁定的连接。

要禁止连接,需单击 按钮并选择要禁用的连接。

运行力平衡分析时,请使用"测力计锁定"约束。要定义测力计锁定,需单击 按钮并选择应用测力计的主体(点或顶点)和方向向量。按照先前选定的主体坐标系,指定方向向量分量。

删除一个或多个图元的方法是,加亮一行或多行并单击 按钮,从列表中移除单个或多个图元。

③"初始配置"分组框

·当前:使用当前屏幕配置。

·快照:选择一个先前保存的快照。

(4)"电动机"选项卡

①默认情况下,该选项卡会包括创建模型时定义的所用电动机。

②单击 按钮可将先前定义的电动机从列表中选出并包括到分析中。缺省情况下,此电动机为列表中的第一台电动机。选取一个电动机,然后单击 按钮,添加另一台电动机,如图4-28所示。

图 4-28 "电动机"选项卡

③单击 按钮,添加所有可用的电动机。

④选取一行或多行并单击 按钮,可移除不需要的电动机。

由于可为一个图元定义多个电动机,所以要随时留意或包括所派出的电动机。为避免失败分析和结果不准确,对于一个图元每次只激活一个电动机。例如,如果在同一运动轴上创建一个零位置伺服电动机和一个非零常数速度伺服电动机,对于同一分析则不要同时激活这两个电动机。另外,如果在同一运动轴上定义两个执行电动机,并在同一动态分析中将它们激活,则所形成的作用将为两个电动机的总和。

(5)"外部载荷"选项卡

"外部载荷"选项卡可为动态、静态和力平衡分析类型指定外部载荷信息。对于位置和运动学分析类型来说,"外部载荷"选项卡不可用。

缺省情况下,在分析定义时模型中的所有外部载荷都被包含在分析中。

输入外部载荷信息时,切记以下几点。

①"从"和"至"时间:默认情况下,从分析的"开始"到"终点",所有外力都处于活动状态。对于动态分析,可从列表中选择"开始"和"终止"时间,或指定一个数值。对于静态分析和力平衡分析,则不能应用"开始"和"终止"时间。单击"确定"按钮或"运行"按钮激活验证检查,会将所用不正确的值都重新设置为"开始"和"终止"时间值。

②启用重力:在计算自由度或运行动态分析、静态分析或力平衡分析时,可选择"分析定义"对话框的"外部载荷"选项卡中的"开始时间"复选项。根据所运行的分析类型

的不同,启用重力的效果会稍有不同。

③启动所有摩擦:通过选择或清除"分析定义"对话框的"外部载荷"选项卡中的"启动所有摩擦"复选项,可确定在动态分析和力平衡分析中是否使用凸轮从动机构、槽从动机构或连接集中指定的摩擦因数。缺省情况下,"启动所有摩擦"复选项处于未选择状态。如果选择该复选项,在分析时将使用为凸轮从动机构、槽从动机构或连接集中而启用的任何分析摩擦因数,如果清除该复选项,即使已将摩擦包括在连接定义中,在分析期间也不会应用任何摩擦。

2.运行分析与编辑分析

(1)运行分析

①在机构树中的"分析"→"AnalysisDefinition2(动态)"选项上单击鼠标右键,在弹出的快捷菜单中单击"运行",如图 4-29 所示,或者在主菜单上单击"分析"→"机构分析",然后在"分析定义"对话框中单击"运行"按钮。

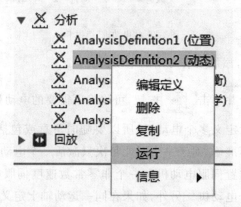

图 4-29　创建分析-运行

②分析开始运行。将在模型窗口的底部栏中显示运行进度。对于动态分析,模型窗口中同时显示已用去的时间。

③如果要提早停止分析,单击模型窗口底部停止按钮。

(2)编辑分析

①在机构树中的"分析"→"AnalysisDefinition2(动态)"选项上单击鼠标右键,在弹出的快捷菜单中单击"编辑定义",如图 4-30 所示。打开"分析定义"对话框。

②根据需要,封盖"优先选项"、"电动机"以及"外部载荷"选项卡中的名称或其他参数。

③单击"确定"按钮。

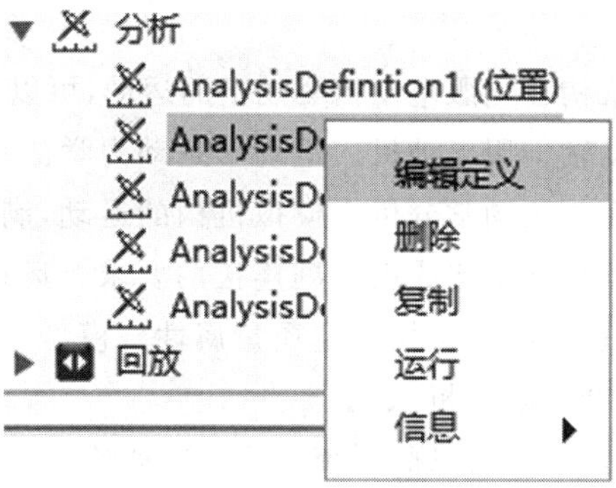

图 4-30　创建分析-编辑定义

3.复制和删除分析

（1）复制

从机构树中选取一个先前定义的分析,单击鼠标右键,在弹出的快捷菜单中单击"复制","分析"列表中会出现一个新的条目,复制后的分析名附加有"copy of"（副本）字样。例如,要复制名称为"表驱动"的分析,复制后会产生一个"copy of 表驱动"的分析。可根据需要修改复制后的分析。

（2）删除

要删除以前定义的分析,则需在机构树中的分析上单击鼠标右键,在弹出的快捷菜单中单击"删除"。

4.机构分析

机构分析的类型有五种,分别是位置分析、运动学分析、动态分析、静态分析和力平衡分析。

（1）位置分析

位置分析在以前版本的"机构"中被称为运动分析或重复组件分析。它是由伺服电动机驱动的一系列组件分析,也只有运动轴或几何伺服电动机可进行位置分析。为位置分析添加电动机时,执行电动机不会出现在可选电动机的列表中。

位置分析模拟机构运动,满足伺服电动机轮廓和任何接头、凸轮从动机构、槽从动机构或齿轮副连接的要求,并记录机构中各元件的位置数据。在进行分析时不考虑力和质量。因此,不必为机构制定质量属性。模型中的动态图元,如弹簧、阻尼器及执行电动机等,不会影响位置分析。

使用位置分析可以研究元件随时间而运动的位置、元件间的干涉、机构运动的轨迹曲线等。

（2）运动学分析

运动学分析可评估机构在伺服电动机驱动下的运动，可以使用任何具有一定轮廓、能产生有限加速度的运动轴伺服电动机。运动学是动力学的一个分支，它考虑除质量和力之外的运动所有方面。运动学分析会模拟机构的运动，满足伺服电动机轮廓和任何接头、凸轮从动机构、槽从动机构或齿轮副连接的要求。运动学分析不考虑受力，因此不能使用执行电动机，也不必为机构指定质量属性。模型中的动态图元，如弹簧、阻尼器及执行电动机等，不会影响分析。

如果伺服电动机具有不连续轮廓，系统在运行运动学分析前会尝试使其轮廓连续。如果系统不能使其轮廓连续，则该伺服电动机将不能用于分析。

（3）动态分析

动态学是力学的一个分支，主要研究主体运动（有时也研究平衡）时的受力情况以及力之间的关系。使用动态分析可研究作用于主体上的力、主体质量与主体运动之间的关系。

运动动态分析时应切记以下要点：

①基于运动轴的伺服电动机在动态分析期间都处于活动状态。因此，从分析时域导出的"从"和"至"将显示为不可编辑的"开始"和"终止"值。

②可添加伺服电动机和执行电动机。

③如果伺服电动机或执行电动机具有不连续轮廓，系统在运动分析前会尝试使其轮廓连续。如果系统不能使其轮廓连续，则该电动机不能用于分析。

④可在"外部载荷"选项卡中添加力/扭矩。

⑤可考虑或忽略重力和摩擦力。

在开始动态分析时，通过指定持续时间为零并照常运行，可计算位置、速度、加速度和反作用力。系统会自动确定用于计算的合适的时间间隔。如果用图形分析的测量结果，则图形只包含一条线。

（4）静态分析

静态学是力学的一个分支，用于研究主体平衡时的受力情况。使用静态分析可确定机构在承受已知力时的状态。系统会搜索配置，其中机构所有载荷和力处于平衡状态，并且势能为零。静态分析比动态分析能更快地识别出静态配置，因为静态分析在计算机中不考虑速度。

运行静态分析时应切记以下要点：

①如果不指定初始配置，单击"运行"按钮时，系统将从当前显示的模型位置开始静态分析。

②运行静态分析时，会出现加速度对迭代数的图形，显示机构图元的最大加速度。随着分析的进行，图形显示和模型显示都会变化以反映计算过程中达到的中间位置。当机构的最大值为0时表明机构已达到稳态。

③通过修改"分析定义"对话框的"首选项"选项卡内的最大步距因子,可以调整静态分析中各迭代之间的最大步长。减小此值会减小各迭代之间的位置变化,且在分析具有较大加速度分机构时会有很大帮助。

④如果系统找不到机构的静态配置,则分析结束,机构停在分析期间到达的最后配置中。计算出的任何测量尺寸都是最终时间和位置的尺寸,而不是处理进程中的时间和位置的尺寸。

(5)力平衡分析

力平衡分析是一种逆向的静态分析。力平衡分析是从具体的静态形式获得所施加的作用力;而静态分析是向机构施加力来获得静态形态。使用力平衡分析可求出要使机构在特定形态中保持固定所需要的力。

在力平衡分析前,必须将机构自由度降至 0。使其连接锁定、两个主体间的主体锁定、某点的"测力计锁定"或者将活动的伺服电动机应用于运动轴。使用"分析定义"对话框中的项目计算机构的自由度,并对机构应用约束,直到获得 0 自由度为止。

任务 5　测量和回放

测量有助于了解和分析移动的机构所产生的结果,并提供用来改进机构设计的信息。要计算和查看测量结果,必须先运行分析或从先前保存的分析中恢复结果才行。

1.测量类型

不同的分析类型,其对应的测量对象也不同。表 4-2 列出了不同分析类型所对应的测量类型。

表 4-2　　　　　　　　　　不同分析类型所对应的测量类型

分析类型	测量类型	功　　能
位置	位置	测量点、顶点或运动轴的位置
	分离	测量两个点之间的间隔距离、间隔速度及间隔速度变化
	时间	测量分析在每一步距的时间
	用户定义的	将测量定义为包括测量、常数、算数运算符、Pro/ENGINEER 参数和代数函数在内的数学表达式
运动学	速度	在分析期间测量点、顶点或运动轴的速度
	加速度	在分析期间测量点、顶点或运动轴的加速度
	主体方向	测量相对于选定参照坐标系报告主体 LCS 的方向
	主体角速度	相对于选定坐标系测量主体的绝对角速度
	主体角加速度	相对于选定坐标系测量主体的绝对角加速度

动态	除测力计外所有力	除测力计外,可测量几乎所有参数
静态	位置	测量点、顶点或运动轴的位置
	连接反作用	测量接头、齿轮副、凸轮从动机构或槽从动机构连接处的反作用力和力矩
	净载荷	测量弹簧、阻尼器、伺服电动机、力、扭矩或运动轴上强制载荷的模,还可确定执行电动机上的强制载荷
	所有系统测量	测量描述整个系统行为的多个量,如自由度、冗余、角动量、总质量等
	所有主体测量	测量描述选定主体行为的多个量,如主体的角速度、质量、质心、质心惯量等
	用户定义的	将测量定义为包括常数、算数运算符、Pro/ENGINEER 参数和代数函数在内的数学表达式
力平衡	位置	测量点、顶点或运动轴的位置
	连接反作用	测量接头、齿轮副、凸轮从动机构或槽从动机构连接处的反作用力和力矩
	净载荷	测量弹簧、阻尼器、伺服电动机、力、扭矩或运动轴上强制载荷的模,还可确定执行电动机上的强制载荷
	测力计	在力平衡分析期间测量测力计锁定的载荷
	所有系统测量	测量描述整个系统行为的多个数量,如自由度、冗余、角动量、总质量等
	所有主体测量	测量描述选定主体行为的多个数量,如主体的角速度、质量、质心、质心惯量等
	用户定义的	将测量定义为包括常数、算数运算符、Pro/ENGINEER 参数和代数函数在内的数学表达式

对于一个或多个分析,可用图形表示测量的结果。可检索已保存的结果文件,也可将测量结果保存到文件中或打印出来。

要点提示:

(1)最好在运动分析前创建测量参数,若运动分析后再创建新的测量参数,则可能有些新参数得不到计算。如果出现这种情况,可再次运行该分析。

(2)用作图法可绘制测量对时间或对另一测量的曲线,可创建一个具有多条测量曲线的图形来表示一组分析结果,或者可查看单个测量是如何随不同的结果集而变化的,也可用图形表示多个分析的多个测量。

当然,不同的模型图元所能测量的类型也不同。表 4-3 列出了不同图元类型所对应的测量类型。

表 4-3　　　　　　　　　　　不同图元类型所对应的测量类型

图　元	测　量
点	位置、速度、加速度、分离距离、分离速度、分离速度变化
运动轴	位置、速度、加速度、净载荷
接头连接	连接反作用、碰撞、冲量
凸轮从动机构连接	凸轮曲率、压力角、滑动速度、连接反作用、碰撞、冲量
槽从动机构连接	连接反作用、碰撞、冲量
齿轮副连接	连接反作用
弹簧、阻尼器、力、扭矩、伺服电动机、执行电动机	净载荷

2.用图形表示测量结果

必须先运行分析，或从以前保存的分析中恢复结果，然后才能用图形表示测量结果。如果为动态测量选取某些评估方法，则必须在运动分析前创建测量参数。

运行分析后，在主菜单上单击"分析"→"测量"，弹出"测量结果"对话框，如图 4-31 所示。

图 4-31　"测量结果"对话框

该对话框中各选项及其功能见表 4-4。

表 4-4 "测量结果"对话框中各选项及其功能

符号或名称		功　能
		用图形表示所选结果的选定测量
		使用已保存好的结果
		根据所选的测量和分析创建 Pro/ENGINEER 参数
图形类型	测量对时间	图形的 x 轴为时间,图形的 y 轴为一个或多个测量参数
	测量对测量	为图形的 x 轴选取一个测量参数,为图形的 y 轴选取一个或多个测量参数
测量		可创建多种类型的测量参数
		从列表中选取测量参数并单击该按钮后,将打开"测量定义"对话框,其中有该测量参数的信息
		复制选定测量参数,名称为"copy of..."的选定测量参数的副本出现在列表中,测量按字母顺序列出
		从列表中删除一个或多个选定测量参数
	分别绘制测量图形	如果选中此复选项,在图形工具窗口中,则会使每一个参数都对应一个坐标系,而不是所有参数只有一个坐标系
	结果集	从以前运行的分析中选取一个或多个结果集,图形以不同颜色的曲线来表示每个结果集

任务 6　机械手表主传动模型运动仿真

例　如图 4-32 所示为某机械手表的主传动系统,其中 E 为擒纵轮,N 为发条盘,S、M 及 H 分别为秒针、分针及时针。其中 $z_1 = 72$,$z_2 = 12$,$z_2' = 64$,$z_3 = 8$,$z_3' = 60$,$z_4 = 8$,$z_4' = 60$,$z_5 = 6$,$z_2'' = 8$,$z_6 = 24$,$z_6' = 6$,$z_7 = 24$。请使用 Creo Parametric 软件建立该主传动系统模型的运动仿真。

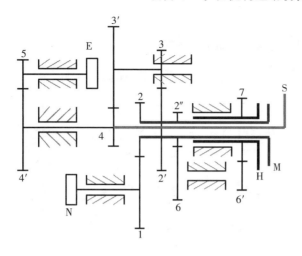

图 4-32　某机械手表的主传动系统

1.新建装配文件

在主菜单上单击"文件"→"新建",在弹出的如图 4-33 所示"新建"对话框中,选择类型为"装配",输入零件名称为"chuandong",不使用默认模板,确认后,在弹出的"新文件选项"对话框中,选择"mmns_asm_design"模板,如图 4-34 所示,完成装配部件的创建。

图 4-33　"新建"对话框　　　　　　　　　图 4-34　"新文件选项"对话框

2.装配连接传动系统的零件

(1)装入主体

在主菜单上单击"模型"→"组装"→"组装",如图 4-35 所示。

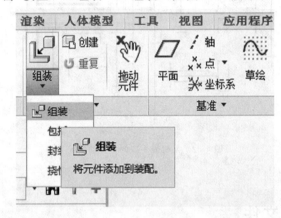

图 4-35　打开组装

系统弹出"打开"对话框,选择文件"DIPAN",并单击"确定"按钮。进入"元件放置"对话框,在"自动"栏中选择"默认",如图 4-36 所示。

图 4-36　默认连接

采用"默认"类型,装配环境的坐标系和装配零件的坐标系重合,此时,该零件完全被约束,自由度为 0。通常,在装配过程中,往往将装入的第一个零件作为主体。后续的装配零件和部件通常都是以主体为基准来进行的。

（2）装配各齿轮轴

下面主要以 2 轴的零件连接为例来介绍，其他轴的连接类似。

①在主菜单上单击"模型"→"组装"→"组装"，选择零件"2"，系统弹出"元件放置"对话框，选择连接类型为"销"，此时，单击下面的选项"放置"，会出现"轴对齐"和"平移"两种约束类型。通常，选择连接类型之后，会在"放置"选项中列出完成该连接类型的约束类型，如图 4-37 所示。

图 4-37　轴对齐连接

②选择零件的轴，再选择零件"DIPAN"的孔 1 的轴线，如图 4-38 所示，使两者重合，如图 4-39 所示。

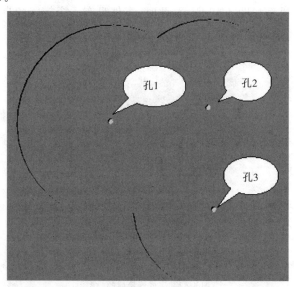

图 4-38　主体孔分布

图 4-39 零件轴线选择

然后单击零件"2"的 A 面(如图 4-40 所示),单击零件"1"的 B 面(如图 4-41 所示)。

图 4-40 零件 2 的 A 面位置

图 4-41 零件 1 的 B 面位置

完成连接后的模型如图 4-42 所示,此时,零件只有 1 个旋转的自由度。

图 4-42 完成连接后的模型

连接完成之后,注意观察"轴对齐"和"平移"下列的内容。

　　注意观察模型树中的零件,如图 4-43 所示,会发现在零件"2"前方有个方框,而上面的零件"DIPAN"则没有,这是由于零件"2"不是完全固定,还有 1 个旋转的自由度。当其自由度为 0 的时候,则如零件"DIPAN"所示。

图 4-43　模型树中的零件"2"

　　③装配零件"3"和"4",连接类型为"销"连接,方法类似于零件"2"的连接方法。其中零件"3"连接的轴线为孔 2 的轴线,约束类型为"重合",平移平面为孔 2 的底部平面,约束类型为"重合"。零件"4"连接的轴线为孔 3 的轴线,约束类型为"重合",平移平面为孔 3 的底部平面,约束类型为"重合"。

　　④装配零件"6",由于该零件的连接类型也为"销"连接,首先创建与装配元件相重合的轴。

　　单击"平面",弹出"基准平面"对话框,选择装配基准平面"ASM_RIGHT",设置偏移中的平移值为"16.00",创建平面"ADTM1",如图 4-44 所示。

图 4-44　创建基准平面

　　单击"轴",弹出"基准轴"对话框,选择"ADTM1"面和刚创建的"ASM_TOP"面,创建轴"AA_1",如图 4-45 所示。

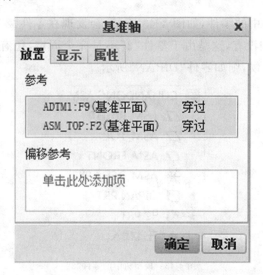

图 4-45　创建基准轴

　　组装零件"6"，设置连接类型为"销"连接，选择零件"6"的中心轴与新创建的轴"AA_1"重合，平移连接采用约束类型为"距离"，单击零件"DIPAN"上表面作为参照，偏移值设为"18.00"，如图 4-46 所示。

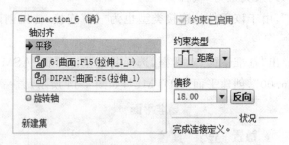

图 4-46　设置距离连接

　　⑤装配零件"7"，连接类型为"销"连接，轴线与孔 1 的轴线重合，偏移连接采用约束类型为"距离"，单击零件"DIPAN"上表面作为参照，偏移值设为"20.00"。

　　装配完成后的模型如图 4-47 所示。

图 4-47　装配完成后的模型

3.传动系统的运动仿真

将部件的零件装配完毕之后,进入"机构"环境进行运动仿真。

(1)进入"机构"环境

进入方法如图 4-48 所示。

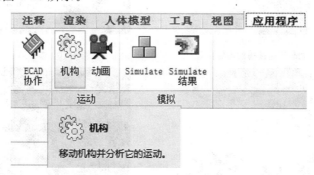

图 4-48 进入"机构"环境

(2)建立凸轮连接

在机构树的"凸轮"选项上单击鼠标右键,在弹出的快捷菜单上单击"新建",或在主菜单上单击"机构"→"连接"→"凸轮",进入"凸轮从动机构连接定义"对话框,如图4-49 所示。此时,建立凸轮连接前的齿轮位置如图4-50所示。单击相邻两个齿轮中的一个齿轮面,如图4-51所示,单击"选择"对话框中的"确定"按钮,完成第一个面的选择。单击另外一个齿轮的连接面,单击"选择"对话框中的"确定"按钮,完成凸轮连接。如图 4-52 所示为凸轮连接前、后齿轮位置关系的变化,连接后的齿轮位置更符合实际。

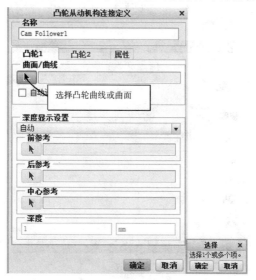

图 4-49 建立凸轮连接

图 4-50 建立凸轮连接前的齿轮位置

图 4-51 选择第一个面

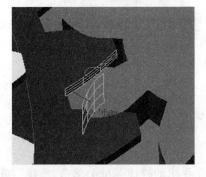

（a）连接前

（b）连接后

图 4-52 凸轮连接前、后齿轮位置关系的变化

（3）记录凸轮

在主菜单上单击"机构"→"拖动元件"，进入"拖动"对话框，单击 按钮，再单击

按钮，得到快照"Snapshot1"，如图 4-53 所示。

图 4-53 记录凸轮

此时,各齿轮之间的位置关系已经记录,若在后续的工作需要确定各齿轮之间的位置,则找到快照"Snapshot1"即可。

(4)建立齿轮连接

在机构树的"齿轮"选项上单击鼠标右键,在弹出的快捷菜单上单击"新建"或在主菜单上单击"机构"→"连接"→"齿轮",如图 4-54 所示,系统弹出如图 4-55 所示"齿轮副定义"对话框。

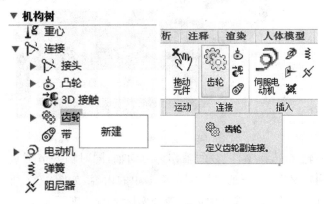

图 4-54　建立齿轮连接

在"齿轮副定义"对话框中,如图 4-55 所示,选择类型为"一般",下列"齿轮 1"、"齿轮 2"即相互连接的一对齿轮,其中"齿轮 1"为主动齿轮,"齿轮 2"为从动齿轮。单击运动轴箭头,选择一个运动轴,当鼠标接近零件"2"时,在轴线位置出现一个绿色的"销连接"符号,选中,如图 4-56 所示,并单击"选择"对话框中的"确定"按钮,方可选择运动轴,输入节圆直径为"64"。

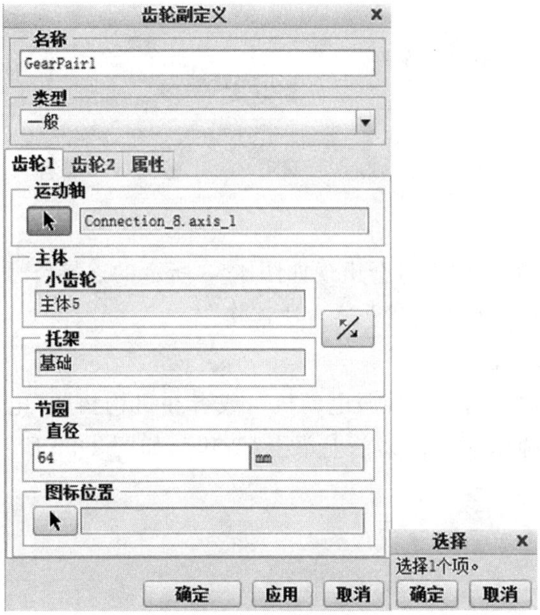

图 4-55　定义齿轮副

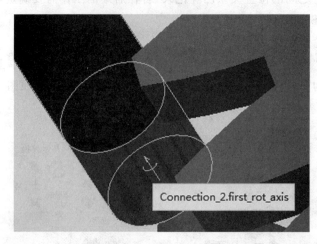

图 4-56 连接第一个齿轮

同理,选择齿轮 2,选择零件"3"的轴作为运动轴,同时输入节圆直径为"8"。同时,注意观察"齿轮副定义"对话框的"属性"选项卡中的内容,如图 4-57 所示。齿轮的传动比是节圆直径之比,即在齿轮啮合中齿轮啮合实际上是分度圆相切。单击"确定"按钮,完成齿轮连接。

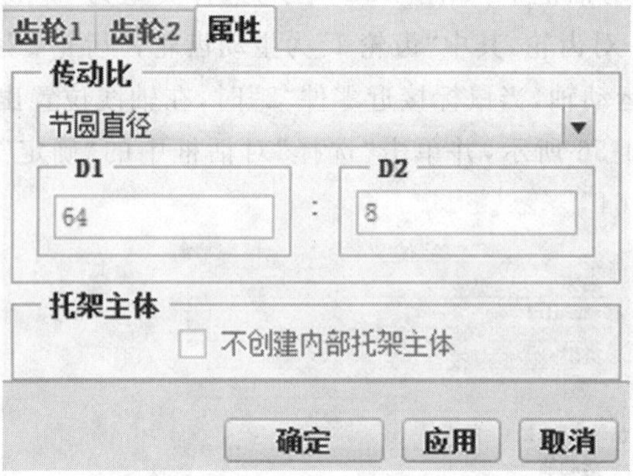

图 4-57 "属性"选项卡

完成齿轮连接后的模型中将会出现如图 4-58 所示的连接符号。

按图 4-32 所示将各齿轮依照上述方法连接。

(5)建立伺服电动机

在主菜单上单击"机构"→"伺服电动机",或者在机构树的"电动机"→"伺服"选项上单击鼠标右键,在弹出的快捷菜单上单击"新建",如图 4-59 所示,系统弹出"伺服电动机定义"对话框。

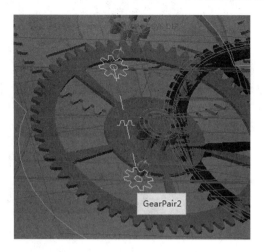

图 4-58　完成齿轮连接后的模型

图 4-59　创建伺服电动机

　　在如图 4-60 所示的"伺服电动机定义"对话框中,选择类型为"运动轴",单击下方箭头按钮,在窗口模型中选择伺服电动机轴,此时,模型的"销连接"的零件轴均可作为运动轴,也就是模拟运动初始的运动轴。在本例中,选择零件"2"作为初始的主动轴,单击零件"2"上的旋转符号及绿色的图标,如图 4-61 所示。

图 4-60　"伺服电动机定义"对话框

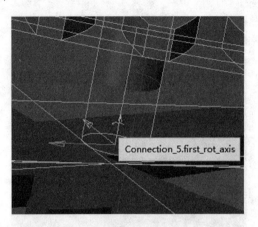

图 4-61　选择伺服电动机主动轴

（6）机构分析及回放

在机构树的"分析"选项上单击鼠标右键，在弹出的快捷菜单上单击"新建"，或在主菜单上单击"机构"→"机构分析"，如图 4-62 所示，系统弹出如图 4-63 所示"分析定义"对话框。

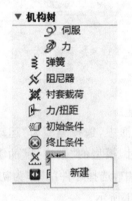 

图 4-62　创建结构分析

在"分析定义"对话框中，如图 4-63 所示。选择类型为"位置"，在初始配置中选择"快照"，此时菜单栏里将会出现在前期所进行拍照所的照片。在 Creo Parametric 软件中，这些"照片"就是对该位置的记录。在后续的运动仿真中，模型将从这个位置开始进行模拟。

单击"确定"按钮，此时模型开始进行模拟运动，注意观察窗口模型的变化。

在模型运行之后，系统将自动记录运行的过程。以本例为例，生成名为"AnalysisDefinition1"的录像。在主菜单上单击"机构"→"回放"，系统弹出如图 4-64 所示的"回放"对话框。在其"结果集"下将会记录前期所运行留下的记录，可以选择。单击 ◀▶ 按钮，进入如图 4-65 所示的"动画"对话框。单击 ▶ 按钮，在窗口内将会出现模型的模拟仿真的动画，便于观察分析。

图 4-63　"分析定义"对话框

图 4-64　"回放"对话框

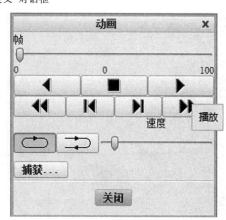

图 4-65　"动画"对话框

参考文献

[1]王平,余蔚荔.Pro/ENGINEER 野火版机械工程应用基础[M].北京:化学工业出版社,2009

[2]佟河亭,李超,王炳强.Pro/ENGINEER Wildfire 4.0 机构运动仿真与动力分析[M].北京:人民邮电出版,2009

[3]肖治平.钟表技术原理装配维修[M].北京:中国轻工出版社,2008

[4]李鹏.Pro/ENGINEER 野火版 3.0[M].北京:人民邮电出版社,2007

[5]祝凌云,李斌.Pro/ENGINEER 运动仿真和有限元分析[M].北京:人民邮电出版社,2004

[6]北京兆迪科技有限公司.Creo 2.0 快速入门教程[M].北京:机械工业出版社,2012

[7]北京兆迪科技有限公司.Creo 2.0 产品工程师宝典[M].北京:中国水利水电出版社,2014